PUHUA BOOKS

我
们
一
起
解
决
问
题

高财商

轻松实现财务自由的
思考力和行动力

黄悦函

————

著

人民邮电出版社

北 京

图书在版编目（CIP）数据

高财商：轻松实现财务自由的思考力和行动力 / 黄悦函著. -- 北京：人民邮电出版社，2019.10
ISBN 978-7-115-51713-5

Ⅰ．①高… Ⅱ．①黄… Ⅲ．①财务管理 Ⅳ.
①TS976.15

中国版本图书馆CIP数据核字(2019)第154410号

内 容 提 要

我们对财务自由充满渴望，财富似乎总是离你一步之遥，却又让你觉得遥不可及。投资理财从来都是一种思维方法，而不是简单的技巧。掌握赚钱的思维，建立自己的投资理财逻辑，才能让赚钱更轻松。

本书从新财富观出发，深度解析新时代背景下房地产、股市、互联网经济、单身经济等各个领域中的投资理财新思维和新手段，强调对投资风险的把控，揭秘风口投资论和复利理论的深刻内涵，私人定制属于你的理财方案。

投资是自我价值的变现，让人生的不同阶段升值而非贬值。无论你是在校学生、职场人士，还是走在创业路上的创客，本书将开启你的财务自由之路。

◆ 著 黄悦函
责任编辑 谢 明 姜 珊
责任印制 彭志环

◆ 人民邮电出版社出版发行 北京市丰台区成寿寺路 11 号
邮编 100164 电子邮件 315@ptpress.com.cn
网址 http://www.ptpress.com.cn
三河市祥达印刷包装有限公司印刷

◆ 开本：880×1230 1/32
印张：8 2019 年 10 月第 1 版
字数：150千字 2019 年 10 月河北第 1 次印刷

定 价：59.00 元
读者服务热线：（010）81055656 印装质量热线：（010）81055316
反盗版热线：（010）81055315
广告经营许可证：京东工商广登字 20170147 号

很幸运，大学毕业后，我进入中科院下属的一家大型投资集团的投资部工作。在工作期间，我有幸接触了业内的一些成功者，比如联想控股的柳传志、从联想控股出来后自主创业的孙宏斌。我的直接领导毕业于中国人民银行研究生部，也是一位金融行业的高手，他创立过两家上市公司，控股过保险、基金公司，并且投资过数个房地产公司。在和他们接触的过程中，我掌握了一些经济规律并总结出自己的投资理论。非常幸运，2007 年，我在股票二级市场的投资中获得了几倍的收益。之后，我以此为启动资金，将其全部投入房地产领域并最终实现了财务自由。于是，我从原公司辞职，成立了自己的投资公司。

我在实现财务自由的过程中，看到一些成功与失败的案例，对投资理财有了更深入的理解。我非常愿意分享我的经验与感悟，希望对大家有所启发。

我在成功投资和创业的过程中，虽然付出了许多，非常辛苦，但我也渐渐悟出一个道理：人的成功永远是天时、地利、人和三个因素共同作用的结果。它离不开个人的奋斗，更离不开趋势的推动和国家发展带来的机会。财富的积累不是只靠勤奋就可以的，而是要有一套理论和方法。

我的一位中学同学曹博士，是北京大学金融系的"学霸"，大学毕业后他去美国攻读金融博士研究生，之后在美国俄亥俄州的一所大学任教。他学习非常勤奋，工作后又把这种勤奋精神用在了教书上，得到了广大师生的一致认可。相对于一般中产阶级，美国大学教师的工资待遇和社会地位都偏高，在大多数人眼中，他拥有完美的履历和工作，是父母的骄傲，也是同学们崇拜的对象。

然而，一次同学聚会严重打击了他的信心。他发现国内环境与他读书时相比已发生了很大变化：经济飞速发展，城市规划合理，与人们息息相关的各个产业都以他无法想象的速度发展着。在聚会上，他不经意地听到国内的同学在谈彼此这几年的投资经历，了解到很多人的资产已是他的几十倍了。他的内心五味杂陈，说不出是何滋味。是的，每个人都有自己的选择。曹博士毕业后出国深造，在当时来看不能不说是一个很好的选择，但他也以这种方式"完美"地避开了我国高速发展的10年。

和他有类似经历的还有我的另一位朋友陈丽。陈丽在大学毕业后进入知名投资银行摩根士丹利的研究部门工作。她勤奋努力，不久后被提升为投行的副总裁。投行的待遇比较高，刚工作不久，她的年薪已达几百万元，在同学中遥遥领先。当然，投行的工作也非常辛苦，行业竞争激烈，陈丽经常加班熬夜赶报告，她美丽的眼睛都失去了原有的清澈；还有一次，她因为劳累过度住院一周。2008年，陈丽曾经有机会进入一家传媒公司的投资部门工作，这家公司现在非常有名，目前已经上市，拍摄制作的影视作品极具影响力。可是，10年前这家公司还在发展扩大中，处于筹备上市的阶段。公司给陈丽开出的年薪并不高，但是允许她购买一定数量的原始股。陈丽衡量再三，对此传媒公司能成功上市持怀疑态度，最终选择了留在投行工作。没想到，几年后，投行开始降薪，陈丽的工资也大幅缩水。后来她被调到业务部门，因为工作成绩不突出，她最终被裁员。

相比之下，传媒行业在这几年得到了飞速发展。曾向陈丽抛出"橄榄枝"的那家传媒公司，上市当天的股票收盘价是原始股价格的几十倍，在2015年的牛市中，该股票的复盘价格是原始股价格的100倍。试想，在2008年她如果用100万元认购该公司的原始股，那么到2015年她的个人资产将超过亿元。当时，100万元只是她年薪的一部分，这对她来说毫无压力。对比现在的境遇，她不禁感到后悔。

陈丽选择的传统投资银行在近10年里逐渐衰退，降薪减员。然而在过去的10年间，我国传媒产业生产总值的增速却长期在GDP增速之上。陈丽的选择在当时看来也许算稳妥，但这也让她遗憾地错过了传媒行业高速发展的10年。

曹博士和陈丽经常找我"倾诉衷肠"，一开始他们还叫我

高财商
轻松实现财务自由的思考力和行动力

"黄同学"或者"小黄"，近两年竟改称我为"黄老师"。他们追问最多的是："黄老师，看你平时工作也没那么辛苦，为什么你这几年的经济收益比我们的都要丰厚？"语气中透露出些许不平和想知道答案的迫切心情。

复盘我实现财务自由的过程，我也许没有他们两位勤奋，但是成功仅仅靠勤奋和努力是远远不够的。我个人的成绩实际上是依托着我国国民经济高速增长、与人民生活息息相关的支柱产业的快速发展取得的。我只是顺应了国家和行业趋势的发展，是时代浪潮中小浪花上的一滴小水珠，我唯一做到的就是选对了方向，用尽全力去拥抱这个时代和趋势，紧紧抓住机会不撒手，搭上了时代的"顺风车"。

曹博士和陈丽的追问让我陷入了思考：造成他们目前处境的一个重要原因是他们在时代的趋势面前没有正视变化，对趋势判断错误，所以失去了本属于自己的千载难逢的机会。

他们两位都拥有高学历，都系统地学习过金融专业知识，如果连他们都不能掌握实现财务自由的方法，那么对于其他不太了解金融和经济知识的朋友们来说，不是更难了吗？实现财务自由难道只是一个遥不可及的"梦"吗？作为一个先行者，我又能做些什么来帮助朋友们生活得更加轻松呢？我决定把自己的经验与大家分享，于是，这本书就应运而生了。

既然我的方法被验证是可行的，那么用这套方法，你也能够完成财富的积累，最终实现财务自由！我相信，在看完本书后，实现财务自由的秘密将在你面前被层层揭开。你完全可以成为你所钦佩的那些人，甚至可以超越他们。无论你是学生，还是初涉社会的职场新人，也无论你成家与否，越早开始行动越好。那么，请你调节好心情，准备进入下面的章节，去了解并掌握实现财务自由的秘密和方法吧。

高财商
轻松实现财务自由的思考力和行动力

这本书论述了我们在投资活动中应有的正确的思维模式和行为方式。全书在内容和形式上有以下特点。第一，突破了以往在经济学理论框架之下阐释问题的模式，更偏重于对实现财务自由的思维模式和心理建设的指导，有助于读者端正对财富的态度，去除限制性思维，建立正确的财富观。第二，着重论述了投资活动中顺应趋势的重要性，并结合中国经济高速发展 20 多年来的典型事例加以论证，对顺应未来趋势的各个行业进行深度剖析，帮助读者挖掘行业机会。第三，阐述投资活动中的最基本的复利理论，指导读者在投资活动中正确地运用复利理论，取得与个人努力和心理预期基本对应的经济成效。

全书突出强调了风险控制、财富和自由之间的关系问题，论述了克服人性弱点对实现成功投资的重要作用，以及实现财务自由的意义等。本书面向在校学生、职业人士、创业者等各类人群，对如何在符合未来发展趋势的行业里找到自己的机会，制定适合自己的实现财务自由的规划，进行了具体的、落地的指导。

● 这本书属于"心灵鸡汤"吗

与纯粹的"心灵鸡汤"不同，本书提供了具体的思维模式和切实可行的方法，深入浅出地阐明了获取财富活动的内在规律，并针对不同类型的读者，分门别类地指导其实现财务自由。

本书通过列举大量生动鲜活的事例，能够帮助你解决实际投资活动中出现的各种问题。

● 这是一本经济学或金融学的专业书吗

本书的重点内容不是对经济学或金融学相关知识的梳理。掌握经济学和金融学的专业知识是实现财务自由的必要条件，但不是充分条件，要知道就算诺贝尔经济学奖获得者也曾在投资实践中惨败过。

经济学家和金融学家大多侧重宏观理论与微观分析，偏重于理性市场（除了行为金融学家考虑了一些非理性行为），而在现实中的投资活动中，参与者大多是非理性的"人"。人性是复杂的，非理性就意味着不按常规出牌。人类进步的过程往往是一个打破固有规则的过程，过去的理论不能完全指导目前的实践，也不能用来精准推导未来。通过建模、数学分析等方法，很难精准预测市场的趋势。

有一点需要指出，虽然运用经济学和金融学专业知识并不能完全精准指导投资，但是投资者了解经济学和金融学的基本知识对投资活动是有用的——能够更准确地把握市场趋势、预测市场走向。

● **这本书和其他的投资理财类书籍有什么不同**

本书提供了新时代背景下人们进行正确投资理财的最基本的逻辑。我认为正确的投资思维是保证理财盈利的前提，如果只学习投资理财的具体方法，不从本质上把握投资理财要义，就容易导致盲目的投资。

因此，本书没有过多介绍各类投资理财产品，而是强调了如何树立正确的财富观和赚钱的思维。从这个意义上讲，我写作本书的"落脚点"不仅要教会大家怎样投资理财，还要教会大家赚钱的思维，用具体的方法指导大家：如何进行自我投资，在有发展前景的行业中找到机会；如何进行复利累积，最终收获自己的"财富雪球"。

总而言之，这不是一本金融类或经济类的专业书，并没有涉及太多的相关理论，它更适合每一个想实现财务自由的读者阅读。大道至简，按照本书提倡的方法尝试践行，你也有可能拥有富足的生活。

Chapter One

第 1 章

学会赚钱，
人人都能实现财务自由

> 当天生的爱好发展成为一个强烈的愿望时，一个人会以惊人的速度向着他的目标大跨步地奔去。
>
> ——尼古拉·特斯拉

90后农二代奋斗5年赚得千万身家

我的一位女性朋友小李最近结婚了。小李相貌清秀，出身书香门第。她大学毕业后一直在电商行业工作，目前在一家知名电商运营公司担任项目主管，收入不错，是大家眼中的"金领"。对于这样条件优越的女性，我很好奇她的"另一半"会是一位怎样的杰出人士。小李说，她的先生是一位平凡的农二代。接着，小李满脸自豪地讲起了她的先生小鑫的故事。

小鑫的父母是果农，他们在农村种植水果，果园的经济效益还不错。8年前小鑫的父亲得了肾病，仅靠几亩果园的收入无法支付全部的医药费，于是小鑫高中还没上完就来北京打工了。他做过推销员，卖过酒水，最后在中关村找了一份卖电脑的工作。为了给父亲支付医药费，他工作非常努力，每天起早贪黑，有时为了送货连午饭都顾不上吃。就这样辛苦了3年，小鑫并没有赚到多少钱，而他家里的果园却因为疏于管理，产量降低了，果子的质量也没有以前的好了，水果收购商不肯出好价钱。小鑫在北京打工赚的钱还抵不上在果园经营上损失的钱，他们家陷入了困境。

小鑫以前学习成绩很好，他喜欢看书，对计算机和互联网的发展也颇有关注和了解，如果不是因为家庭变故，他应该能够考上大学，也许还会选择学习计算机科学与技术专业。来北京打工后，他也没有放弃对互联网知识的学习，每天睡前保证1小时的学习时间。所以，他和客户讲起计算机和互联网的知识时得心应手。即使这样，他拼命打工赚的钱也不足以维持一个家庭的基本支出。

小鑫陷入了深深的思考：到底是哪里出了问题？有没有一种方法可以解决果园的生产销售问题，并且能提高收入，有效改善家庭的经济状况呢？他每天都想着这些问题，搜索相关的信息，寻找着答案。

一天，他在网上看到一则新闻，大致内容是说农产品的流通直接关系到民生问题，国家提出推动农业供给侧的结构性改革，助推在传统经贸形式上"互联网＋"的渗入，支持农产品电商平台的大力发展。小鑫突然有了一个想法：既然国家支持农产品的互联网销售，那么自己可不可以通过电子商务平台销售自家果园的水果呢？这样既可以解决水果滞销的问题，又可以发挥自己的专长，还可以回到家乡照顾身体不好的父亲。

有了这个想法后，小鑫立即开始实践。他辞掉了在北京的工作，回到家乡，在国内最大的两个电商平台上开设了自己的网店，开始在线上销售水果。初创网店时，网页设计、商品详情页、客服等工作都由小鑫亲自做，同时他还要关注水果的质量问题。小鑫的网络推广能力很强，在他的努力下，网店的销量很快就直线上升，水果销往全国各地，客户好评不断。

虽然每天很忙碌，但是小鑫心情愉快、干劲十足。网店的收入可观，两年内父亲的医药费问题解决了，身体也好了起来。小鑫还雇了几位果农在果园帮工。又过了几年，小鑫的网店越做越大，他买了运货车，并开始雇销售人员和客服人员（如今员工已超过 10 人）。为了适应电商发展的最新趋势，他还和电商运营公司合作，因此认识了在电商公司工作的小李——他们有着共同的目标，即把果园的生意在电商平台上做得更大。小李很欣赏聪明、勤奋的小鑫，因而有了他们之间的良缘。

出身于普通家庭的小鑫奋斗 5 年，赚得千万身家，在财务自由的道路上迈出了成功的一步。在此，我把小鑫的成功经验总结为以下几条。

1. 果断停止低效的忙碌，积极思考正确的方向。一开始，小鑫在北京中关村销售电脑，虽然起早贪黑，勤奋努力，但是徒劳无果，收入不足以支付父亲的医药费，家乡的果园却因为缺少劳动力而收入下降。当他停下

高财商
轻松实现财务自由的思考力和行动力

来仔细思考自己的方向后，才找到了适合自己的道路。

2. 注重专业知识的学习与积累。小鑫平时注重计算机和互联网知识的积累。虽然他因为家庭原因没能上大学，但是他坚持学习，从网络上和书本中汲取了很多知识，利用电子商务销售水果，改变了自己的命运。

3. 积极响应国家号召，准确把握行业趋势。小鑫对行业趋势和政策有着密切的关注，他认识到互联网的大力发展会改变传统的销售方式，会产生一批电商平台和电商公司，也知道国家大力推广"互联网+"，支持农产品的互联网销售。因此，他把握了大的发展机遇。

4. 发挥特长，专注于自己喜欢的事情。小鑫的父母是果农，他对果园的工作比较熟悉，能够轻松驾驭。他发挥了自己的专业特长，把果园经营得更好，通过互联网把销售做得更广，从而实现了财富的积累。

都市单身女白领拥有了掌握人生的资本

琪琪是我所在公司的前台工作人员，她身材高挑，皮肤白皙，喜欢笑，很有亲和力，办事认真负责，是个讨人喜欢的姑娘。但有一阵子琪琪情绪不佳，上班无精打采，好像有心事。于是，我找她谈话了解情况。

琪琪出生在一个重男轻女的家庭，她有一个哥哥，她的父母向来宠爱哥哥，事事以哥哥为先。最近，哥哥要结婚了，父母想让琪琪快点结婚搬出去住，把她的房间腾出来给哥哥。父母知道她平时舍不得花钱，存钱多，甚至还让她拿出自己的积蓄赞助哥哥的婚礼。琪琪平时喜欢宅在家里，她还养了一只猫，父母对这只猫非常嫌弃，每天借着猫说事儿，催着琪琪搬走。但是琪琪目前还是单身，连男朋友都没有，又何谈结婚成家、自立门户？

听到这里，我真为这位年轻的姑娘感到不公平。我开导琪琪说："既然不能改变原生家庭，就只能改变自己。你也有积蓄，你拿这些钱先搬出去租房住，这样心情会好一些。"后来，我了解了琪琪的一些情况并给她提出了几条建议：不依赖原生家庭，掌握自己的人生；多参加一些年轻人的聚会，扩大自己的交际范围；通过学习提升自己，了解自己擅长和喜欢做的事，制定适合自己的实现财务自由的规划。

琪琪接受了我的建议，在公司附近租了一套公寓。她几乎每个周末都去参加适合年轻人的活动（有读书会、品酒会，也有户外的郊游），认识了不少优秀的年轻人。她的心情变好了，每天神采奕奕的，工作效率也提高了不少。就这样过了一年，突然有一天琪琪来找我，她对我说："谢谢您对我的帮助，现在我找到了自己喜欢的人和热爱的事业，我打算辞职了。"

琪琪说了这一年里在她身上发生的变化。心情好了，她就愿意走出去参加聚会，多交朋友。一开始她是为了尽快结婚，找到归属，但是随着她认识的年轻人越来越多，他们谈的话题也越来越广泛，琪琪通过他们了解了不同的行业，了解了单身族的喜好，以及他们每天常做的事。在一次聚会中，她认识了一个和她一样喜欢猫的男青年小章，他们从猫的品种、习性一直聊到猫粮、猫玩具，越聊越投机。琪琪从小章那里了解到，现在社会上的单身青年越来越多，他们热衷于寻找感情的寄托，所以养宠物的人也越来越多，在宠物方面的消费日渐上升，宠物行业是目前正在崛起的"单身经济"的一个细分行业。他们判断，随着单身人士越来越多，宠物行业未来会有很大的发展。

小章经营一家宠物店已经五年了，经济效益非常好。琪琪也帮小章做过不少工作，她录制了有趣的宠物小视频给宠物店做宣传。由于琪琪能说会道，她还在直播平台进行有关宠物知识的直播，粉丝还不少呢！通过这些营销手段，小章店里的商品销量翻了一倍。为了表示感谢，小章给了琪琪一笔分红，超过了琪琪整整两年的工资。

现在宠物店的生意越来越好，两人也因为共同的爱好和事业越走越近。小章目前正在筹备连锁店并准备邀请琪琪加盟，他们还打算在明年"五一"结婚，所以琪琪决定辞职，和小章一起投入新事业，奔向新生活。

这个一年前还愁眉苦脸的女孩现在变得如此有活力，她不但找到了自己的另一半，还找到了自己真正感兴趣的事业，最重要的是她不再依赖原生家庭，而拥有了掌握自己人生的资本。我真心为她感到高兴，照着这样的发展趋势，相信再过几年她就能实现财务自由了。

琪琪从困顿中走出来，蜕变成一个能够掌握自己人生的成熟女性，她的成功经验在于以下三点。

1. 转变了为了积累财富而舍不得花钱，把每个月收入的大部分都存起来的观念。我认为，要想达到财务自由，我们首先应该考虑的是增加被动收入，而不是削减生活的必要支出。一味地削减支出，生活得不开心，是达不到"自由"的。琪琪拿出积蓄，给自己租了一个公寓，不再受原生家庭的局限，迈出了成功的第一步。

2. 每周去参加单身聚会，获取了多个行业的信息和知识，了解了单身人群增多的趋势以及单身族的需求和消费观念，发现了"单身经济"中的机会。

3. 做自己内心喜欢做的事，找到了自己真正有兴趣的宠物行业并坚持做下去，从而也找到了与自己志同道合的"另一半"。

全职妈妈的收入超过了高管老公

赵姐是一位情感咨询师，她帮助年轻男女脱单，和他们分享如何在情感关系中与对方进行良好的沟通。她研发出自己的课程，在好几个知名音频分享平台都有自己的付费课程。她的线上课程非常受欢迎，在国内最知名的音频 App 上的点击量过百万；她还开发了线下培训课程，每场课的学员都有好几百人。赵姐已经是行业"大咖"，粗略地估算一下，她每年的收入超过百万元。

赵姐的先生是一位公司高管，收入不错，但是比起赵姐来，还是差了一些。听说有一次她先生的公司举行聚餐，赵姐也出席了，公司里的年轻人争先恐后地向赵姐请教情感问题，先生反而被冷落在一边。有这么一位"大咖"太太，赵姐先生的"压力"还真是很大。

赵姐也经常来参加我的投资讲座。一次偶然的机会，她跟我聊起自己的故事。

几年前，在生下儿子后，赵姐辞去了心理咨询师的工作，在家里专心带孩子，做起了全职妈妈。为了照顾先生和儿子的生活，她成天忙忙碌碌，奔波于菜场、学校和家庭之间。因为她不上班，什么都将就着来，舍不得给自己花钱，也不打扮自己，唯一没有放弃的爱好就是还经常来听听投资讲座。久而久

高财商
轻松实现财务自由的思考力和行动力

之，先生开始嫌弃她不修边幅，儿子也觉得自己的妈妈没有别的小朋友的妈妈漂亮。

有一次，赵姐的儿子在作文中写道："我的妈妈是一个家庭妇女，她的头发乱乱的，她每天的工作就是买菜、洗衣服、做饭。我希望她能和别人的妈妈一样每天穿上职业装，很精神地去上班。"看到这里，赵姐震惊了，她本以为自己在事业上做出的牺牲和在家庭生活中做出的奉献可以让儿子和先生心存感激，没想到儿子这样看自己。她感到非常心酸，觉得自己这么多年的付出都没有价值。痛定思痛，她决定改变自己。

赵姐开始审视自我，思考问题到底出在哪儿。她发现，这些年自己的确收获了家庭、孩子带来的满足感和成就感，却在不知不觉中缺失了"值得感"。何谓"值得感"？在投资课中我们曾探讨过，值得感就是你发自内心地觉得自己值得拥有一切美好的事物，包括良好的人际关系、足够的财富、和谐幸福的生活，等等。简而言之，值得感就是爱自己，真心觉得自己足够好，配得上更富足、美好的生活。而赵姐把生活的重心全都放在先生和儿子的身上，自己却过得马马虎虎，这明显是缺乏值得感的表现。意识到这一点，她决定重新全面规划自己的生活。

改变自己其实并没有那么难。赵姐做的第一步改变就是到附近最好的理发店让技术总监为她做了一个全新的发型，又到商业街买了让她心动已久却一直舍不得买的衣服、鞋子和包，还顺便去了一直没时间去的西餐厅，点了自己最爱吃的牛排。当她做完这一切后，她感觉好极了，自信心满满。

回到家，她并没有像往常一样去打扫卫生或做饭，而是请了一位"小时工"代替了自己的工作，因为她觉得，身为一个资深的心理咨询师，她应该做一些更有意义的事情。赵姐联系了心理咨询室的老同事，发现一部分人已经做起了情感咨询工作，有些人还把自己的课程上传到音频分享平台。从他们口中，赵姐第一次听说了"知识付费"这个概念。经过进一步研究，赵姐发现，随着生活水平的提高，人们有了自我发展和自我提升的内在诉求，求知欲望强烈。另外，中国情感消费的潜在用户规模达几亿人，专业人员缺口上百万。这个数据表明，中国的情感消费市场远远没有饱和。此外，移动支付的普及进一步推动了相关产业的发展。赵姐得出结论——知识付费产业有很大的发展空间，情感咨询这个行业位于一片巨大的"蓝海"之中。

在做心理咨询师时，赵姐的专长是研究两性关系，虽然她已经很多年没有从事这项工作了，但是对于自己的老本行，她还是可以"说拿起来就拿起来"的。她把以前做咨询时的经验整理了一下，录成了一部分音频，放在互联网平台上。2015年，专业性的情感类音频节目还很稀缺，赵姐的节目获得了平台的重点推送，其点击率越来越高。赵姐录的课越来越多，她越来越有人气，引起了许多平台的关注。后来，有些平台主动联系她，要与她合作，开发一套系统性的付费课程。就这样，赵姐逐步在其他平台上线了自己的课程，同时开设了相应的线下课程，慢慢成了情感咨询行业的"大咖"。

一个曾经一味牺牲自我、把生活的意义全部寄托在家庭上的全职妈妈，终于活出了人生的另一番模样，最终，赵姐靠自己的实力和努力实现了财务自由。现在，她的先生和儿子以她为骄傲，她先生甚至常常开玩笑说要把家务都包了，给她当助理。赵姐的成功并非偶然，我们可以从她的成功事例中得到一些启示。

1. 找准自我定位，让自己有值得感。牺牲自我，舍不得给自己花钱，对自己的生活敷衍了事，实质上是在潜意识中觉得自己不配过美好的生活，这是"值得感"缺失的表现。让自己心情愉悦，有助于在事业上和生活上获得更多的灵感，也有助于家庭关系的改善。

2. 认清行业趋势，抓住知识付费产业的风口。赵姐学习过投资，对行业趋势非常敏感，她发现知识付费产业发展迅速并处于风口上，于是果断行动，抓住了这次机遇。

3. 坚持本行，进行复利积累。在情感和两性关系方面的心理咨询是赵姐的专长，也是她的爱好。她坚持在自己喜欢的事上努力，结合知识付费的趋势做出创新，从而取得了事业的成功。

中年"码农"看不懂 K 线图却成了"股市高手"

我是在 6 年前认识老王的，有一次他来参加我的投资讲座，对股市投资的问题非常感兴趣。我记得当我讲到股市里所展现出的人性的贪婪与恐惧那部分内容时，他听得聚精会神，课后还提了很多问题。

6 年前老王还在一个 IT 公司做程序开发，也就是我们平常所说的"码农"工作。老王经常加班，每天回家很晚，有时周末只能休息一天。由于工作时间过长，老王长期处于亚健康状态，掉发现象严重，腰椎和颈椎情况都不好。老王一家三口住在一套很旧的两居室里，太太一直想换一套大一些的新公寓。但即使老王这么辛苦，他的经济状况离能够换房还有一定差距。人到中年，他感觉压力很大。

在一次讲座后，老王找我谈心，向我提出了一个让他百思不得其解的问题。他说："为什么我工作这么辛苦，还没有达到既定目标呢？我的付出和收获不成正比，到底是哪里出了问题？我到底怎样才能给家人换一套新房子呢？难道我要每天工作 24 小时才能实现吗？"

面对心情愁闷的老王，我非常想帮助他。我对他说："能吃苦与能获得财富之间并不能画等号，有些时候做自己不愿意做的事才是真正的苦。如果每天工作得不愉快，充满负能量，就很难有所进展，更谈不上能创造足够的财富，实现财务自由了。"我建议他在自己真正感兴趣的以及能给他带来喜悦的事情上寻找机会。老王若有所思，向我道了谢之后就走了。

再次见到老王是两年之后了。2015年年底，老王又来参加我的投资讲座，他红光满面、精神矍铄，好像变了一个人似的。原来在那次谈话后，老王反思了自己的职业规划。他觉得当时的工作虽然稳定，但无论是公司的发展空间还是他个人的发展空间都不大，他很难有进一步的提升。他发现自己对股票投资还是非常感兴趣的，于是决定发展自己的这个兴趣。

刚开始的时候，他还报了培训班学习股票操作技术，也就是学习K线图。培训班的老师教学员们从每天早上开盘就盯着股票的波动情况。由于老王上班时没有时间"盯盘"，他的情绪也随着股价的波动而波动，严重影响了身心健康，所以后来他干脆放弃了这种做法。因为老王之前学习过一些投资理论知识，他决定选择适合自己的股票投资方法——做趋势投资和价值投资。他也曾研究过巴菲特的投资理论，巴菲特曾说过："在别人贪婪时恐惧，在别人恐惧时贪婪。"换言之，在有些情况下，最乐观的时刻正是卖出的最佳时机，最悲观的时刻正是买进的最佳时机。

当时正值 2013 年股市惨淡时期，所有人都闭口不谈股市，老王觉得自己的机会来了。他在 IT 公司工作，对新兴产业有一定了解，2013 年是创业板中许多新兴公司的业绩拐点之年，基本面周期上行；"互联网+"的产业政策也有利于相关中小市值上市公司的发展。老王相信此时是最好的时机，便决定投资创业板。不懂技术不要紧，有基金经理帮助操作。他买了一只创业板股票基金，他相信大趋势的力量，个股涨基金肯定会涨，而且基金经理的选股和管理也是比较专业的。

2013 年至 2015 年，创业板走出了前所未有的大牛市，从 2013 年年初到 2015 年 6 月，创业板指的涨幅达 473%，还出现了几十只 10 倍股，老王的基金也涨了 5 倍。股市火爆引得无数人进入，越来越多的人开始讨论股市了，技术高手也开始在电视里教股民怎样抓涨停板。然而，也就在这时老王感觉不对了，不知怎的，他内心总有一丝不安和恐惧。在冷静地分析之后，他毫不犹豫地抛出了这只基金，完整地保留了全部投资收益。也正是在他抛出基金之后不久，股市就开始下跌了。

老王在这轮创业板的牛市中获得了 5 倍的收益，他已经把自己的房子置换成"大三居"了，他给家里买了一辆新车，还盈余了一大笔钱。目前他已经实现了财务自由，还在考虑是否辞职，换一种生活方式。

每轮牛市过后，都有无数贪心的投资者被套牢，这轮也不例外。被套牢的这些人中不乏技术专家、炒股达人，他们的炒股技术水平一流，却都输给了一位不懂 K 线图的中年"码农"。在此，我们来总结一下老王投资成功的原因。

1. 转变思想观念，调整职业定位。能吃苦与实现财务自由之间并不能画等号。老王在意识到这个问题之后，对自己的职业进行了重新规划，选择做能让自己充满激情的事，最终他在股市里发现了好的投资机遇并获得了成功。

2. 看准大趋势，抓住有利的投资时机。在对新兴产业政策深入分析之后，老王选择了创业板股票。但是进入股市的时机是至关重要的，它是决定投资能否获得成

高财商
轻松实现财务自由的思考力和行动力

功的关键。老王在别人不敢入市的时候买入，认定那是股市的底部，等"雪球"滚大后再收获，他的收益会更大。

3. 不盲目地追涨杀跌，吃足一整段的利润。股市里有人坚信技术至上，认为只要研究透了技术就可以赚到钱。很多人每天一大早就坐在电脑前等股市开盘，时时观察着各种数据的变化，频繁买进与卖出。但是，从另一个角度来看，股市的主力也很了解股民的这种心理，有可能利用这种心理设置技术陷阱收割财富。老王不懂技术，反而躲开了技术陷阱。他只从大趋势上做判断，既然选好了"雪道"，在适当的时候就要靠"雪球"自身的力量滚动，当他预测"雪道"快到头了、前面就是"悬崖"了时，毅然把"雪球"收了回来。

4. 进行有意识的风险控制。在周围人都讨论股市、股市异常火爆的时候，老王判断牛市已经"走完了"。股票开始下跌，很多人看着自己购入的股票涨了不少但又突然缩水，心有不甘，有的人动用资金来补仓，有的人觉得自己的股票业绩很好，就一直扛着。然而大势向下，泥沙俱下，很多股票的价格都已经跌到投资者买入时的成本线以下，很多投资者被套牢，越补仓被套得越牢。老王悟到了股市里"在别人贪婪时恐惧，在别人恐惧时贪婪"这个道理的深刻内涵，成功地避开了风险，锁定了自己的收益。

怎样才算财务自由

小鑫、琪琪、赵姐和老王都学会了赚钱，实现了财务自由。那么，什么是财务自由？怎样才能轻松实现财务自由呢？

财务自由是指我们无须为生活开销而努力工作的状态。简单地说，就是一个人的资产所产生的被动收入等于或超过了他的日常支出，如果进入了这种状态，就可以认为他实现了"财务自由"。

被动收入是指不需要自己主动劳动而能得到的收入。比如，你持有一家优质公司的股票，每年都有股息分红，股价还会因为公司的发展而不断上涨；你是畅销书作家或流行音乐家，随着你的书的一次次被重印或音乐被播放使用，你都可以获得持续的收益。

老王持有的基金每年都有分红；赵姐的线上课程一次次被重播让她获得收入；琪琪的宠物店和小鑫的果园找到了职业经理人，他们不必参与管理和运营，每年都能分红——这些都属于被动收入。而支出是指你的所有开销。

由此可见，要想实现财务自由可以从两个方面入手——开源或者节流。开源是指增加被动收入，节流就是节省支出。在日常生活中，勤俭一直是我们尊重的个人品质，但如果一味地缩减支出而不在开源上想办法，是很难实现财务自由的。

正如小鑫、琪琪、赵姐、老王一样，我们应该在端正了对财富的态度的基础上，思考自己擅长和喜欢做的事是什么，能否将此转化成一种谋生技能，搭上时代的快车，将个人专长融于工作并投入时代发展的潮流中去。因为热爱，所以轻松；因为顺应，所以成功——这才是本书所提倡的"轻松实现财务自由"的要义和精髓。

大家都希望实现财务自由，但是，怎样才是真正的财务自由呢？由于每个人的标准不一样，答案也不尽相同。下面，我们从最基本的生活需求开始，把实现财务自由分为以下几个阶段。

1. 吃饭自由：我们想吃什么，就吃什么，去菜场想买什么都买得起。可以自己做美食，也可以去饭店点我们最爱吃的菜，不在乎花了多少钱。

2. 穿衣自由：无论什么高品质的衣服，国际大牌或者私人定制，只要喜欢的，舒适、合体、有品位的，我们不用考虑多少钱，想怎么买就怎么买。

3. 旅游自由：不管是国内游、国外游，我们想去哪里就去哪里，不用看旅游线路的价格。

4. 购车自由：不管是国产的还是进口的，烧汽油的还是利用新能源的；也不管是跑车、轿车还是越野车，只要能享受驾驶乐趣的、舒适的代步工具，任我们随意挑选。

5. 医疗自由：不管是国际医院、私立医院还是公立医院，我们可以随意选择。只要有利于治病，不计较医疗费用的高低。

6. 择校自由：想上私立学校就上私立学校，想上公立学校就可以按照政策规定上公立学校。

7. 住房自由：想买哪里的房子就买哪里的，靠海、傍山或者位于市中心的都可以；想住别墅就住别墅，想住高档公寓就住高档公寓。

8. 工作自由：做自己喜欢的工作。如果没有这种工作就自己创造一个这样的工作，只为兴趣而工作，不计较是否能赚钱。想工作就工作，不工作也有被动收入。

9. 时间自由：想工作多久就工作多久，不想工作就倾心于自己的兴趣爱好，如琴棋书画、体育运动、收藏等，甚至可以把大量的时间投入公益事业中。

10. 支配财富自由：除了上述可以买的物品，还可以把钱投资入股到自己看好的公司，做股东，参与公司的运营事务；也可以把钱用来做公益、做捐赠，帮助需要帮助的人群，救助濒危动物或者改善地球环境。

大家可以对照一下，看看自己到了哪一个阶段，又想向哪一个阶段努力。我们的财务自由程度越高，选择权就越大。换言之，实现财务自由后，我们就更有能力在自己喜欢的事情上投入相当的时间、精力和财力。

财务自由也是可以用数据来衡量的。例如，对于三四线城市的人们来说，有500万元就可以达到较高层次的财务自由了。那里的房价不高，人们花100多万元就可以买一套舒适的住宅，医疗、教育成本也不高。但是，对于在北京、上海、广州、深圳等一线城市工作和生活的人们来说，市里一套两居室房子的价格动辄在500万元以上，有500万元恐怕只能实现吃饭、穿衣、旅游等基础层次的财务自由。所以，一线城市的人们实现财务自由的数据明显要高得多。当然，在一线城市工作也会给人们带来更多实现财务自由的机会。

那么，轻松实现财务自由的具体方法是什么呢？本书将从我们的日常生活和工作入手，教大家用轻松的方式赚钱，并让钱继续生钱。只要你掌握了轻松实现财务自由的思维和方法，你就有可能进一步提高生活质量，生活得幸福而富足。下面，我们来一起探讨如何实现财务自由。

Chapter Two

第　　　　2　　　　章

对财富的态度正确了就成功了一半

> 对于大多数人来说，他们认定自己有多幸福，就有多幸福。

> —— 亚伯拉罕·林肯

你对财富的态度决定了财富对你的态度

在第 1 章里，我们剖析了 4 个轻松实现财务自由的案例。农二代小鑫、单身女白领琪琪、全职妈妈赵姐和中年"码农"老王，他们就是我们日常生活中的普通人。在积累财富的道路上，他们从无到有，从匮乏到富足，归根结底都是由于他们对财富的态度有所转变。我认为，对财富的态度是至关重要的，态度正确就意味着你在轻松实现财务自由的道路上成功了一半。本章，我们来讲解什么是对财富的正确的态度。

拥有足够多的财富，意味着我们可以住在自己喜爱的房子里、购买喜爱的配饰和衣服、开钟爱的车、到世界各地去旅行、享受各地的美食，以及能够相对自由地支配自己的时间，等等。我们热爱财富，对我们来说，财富总是与富足、独立、自强联系在一起，也总让人产生自由、精致、美好的联想。

金钱又被称为货币，它本身是没有善恶之分的。在原始社会，人们采用以物易物的方式，通过交换得到自己需要的物资，例如用一头羊换一把石斧。但是，有时候受到交换物资种类的限制，人们不得不寻找一种能够被交换双方都接受的物品，这种物品就是最原始的货币。拿我国来说，从早期的"贝"到"铜币"，到秦始皇统一天下后的"圆形方孔钱"，再到后来的"纸币"，货币在这个过程中一直发挥着等价交换的作用。金钱的附加意义是后来被人们赋予的——它是财富的象征，在一定程度上也从某个侧面体现出个人给社会提供了多少价值。

然而，对于财富，人们所持的态度不尽相同。财富带来的幸福感是很多人都在追求的，但是有些人并不是这样的。有的人会说："我想过极简的生活，不需要很多钱，理财很麻烦。""钱多了人就会变坏。"这些都是我们经常听到的负面论调。持这种观点的人，在潜意识中把金钱和麻烦联系了起来。他们公开批判金钱，看似对获得财富不感兴趣。

事实上，我们的每个念头和想法都对自己有暗示作用。任何一个小小的念头，都可能改变你的整个世界。甚至在有些情况下，你的思想会创造出财富，也能导致匮乏和贫穷；你的思想能让你遭遇失败，也能让你获得成功。因此，我们不要忽视自己的每一个念头，要相信想法的力量是相当大的。

你觉得金钱可以给你的生活带来幸福和快乐，这种美好的感觉有可能促使你创造更多的财富；而你对金钱的批判和厌恶，往往会让金钱飞速地远离你。打个比方，如果你抱怨自己的工作，和上司形成对立，对那些一年只到公司开几次会却拿着大量分红的公司股东感到不满，甚至因为心理不平衡而对他们进行诋毁，那就像是在说："我达不到公司对我的要求，我过不了那样的生活，我无法拥有像他们那样多的财富，我是没有能力的，我甚至和他们是对立的。"这样，你就不自觉地把自己摆到了财富的对立面。

有人看到这里会赶紧摆手，说："不，不，不，我跟钱没有仇，说实话，我就是嫉妒那些轻松赚钱的人，也讨厌那些金钱会带来的麻烦而已。"但是，我认为这种负面的情绪和极端的想法对实现财务自由无益。谁都不愿意和天天拒绝自己的人在一起，金钱也应该一样吧。对金钱的消极心态会让人们在潜意识里植入对金钱的抗拒心理，最终阻碍财富的到来。克服这种心态的方法就是常常暗示自己："我为他们能找到致富的方法而感到高兴，我也可以学习这些方法。通过我的努力尝试，我也会掌握实现财务自由的技巧，给自己和家人带来富足的生活。"

在此，我想起一则希腊神话故事，也许较为贴合我想表达的意思。

皮格马利翁是塞浦路斯国王，擅长雕刻。有一次，他精心雕刻了一座美丽的象牙少女像。在夜以继日的工作中，皮格马利翁把自己全部的精力、热情和爱恋都赋予了这座雕像。他像对待自己的妻子那样爱她、装扮她，给她起名为"加拉泰亚"，并且向神乞求让她成为自己的妻子。爱神被他打动，赐予雕像生命，最终他们结为夫妻。

后来，心理学家提出了一个概念——皮格马利翁效应，它是指你期望什么，就有可能得到什么；你心中怎么想、怎么相信就会怎么成就。只要你充满自信和期待，相信事情会顺利进行，事情就往往会沿着良好的态势发展；反之，如果你认定事情会不断受到阻力，这些阻力也许就会产生。大部分成功的人都会培养出自信、积极的心态，自我暗示一定取得成功。所以，我们只有端正态度，摈弃负面情绪，再采用正确的方法，财富才会来到我们的身边。

财富要义

- 你对财富的态度，决定了财富对你的态度。我们只有端正了态度，才能更有效地增加财富，并且让财富为我们的美好生活创造条件。
- 一味批判金钱，只关注金钱带来的负面影响，往往会导致匮乏和贫穷，对实现财务自由无益。
- 对于财富，我们只有摒弃负面情绪，采用正确的方法，它才会来到我们的身边。

吃苦和获得财富之间并不画等号

当我们树立了积极、正确的金钱观之后，再来谈谈值得感。在第 1 章里，我们谈到的全职妈妈赵姐在一段特殊时期内丢失了值得感，她觉得自己不配得到，而应该把钱都花在老公和孩子身上，自己应该围着他们转，到最后却被老公和孩子轻视。后来赵姐对此进行了反思，最终找回了自信和值得感，开创了自己的新事业，在获取财富的同时也赢得了家人的尊重和认可。

何谓值得感？值得感就是你发自内心地觉得自己值得拥有一切美好的事物，包括良好的人际关系、充足的财富、幸福的生活；值得感就是爱自己，真心觉得自己足够好。自信、充满正能量的人常常有很强的值得感，而财富往往更青睐这样的人。

在这里，我想跟大家分享一下汉高祖刘邦的故事，看看他是怎样成功的。

汉高祖刘邦出身低微，从小常因懒惰被父亲训斥。后来他做了一个小官——沛县泗水的亭长。可是刘邦志向远大，不满足于现状。一次，他送服役的人去咸阳，路上碰到秦始皇率大队人马出巡。远远望去，秦始皇坐在装饰精美、华丽的车上，威风凛凛。刘邦非常羡慕，脱口而出："嗟夫！大丈夫当如此也！"

刘邦的妻子是吕公的女儿，名叫吕雉。吕公一家迁至沛县定居，沛县县令是吕公的好友。吕公刚刚到沛县时，很多人就听说了他和县令的关系，于是前来拜访。刘邦听说了也去登门，当时负责接待客人的是在沛县担任主簿的萧何，他当场宣布了一条规定："凡是礼金拿不到一千钱的人，一律到堂下就座。"刘邦虽然没带一分钱去，他却对负责传信的人说："我出礼金一万钱！"吕公听说了，赶忙亲自出来迎他。吕公见刘邦气宇轩昂，与众不同，非常喜欢他，请他入上席就座。吕公预测刘邦将来必然有大出息，把女儿也许配给了他。就这样，刘邦一分钱没出就当上了吕公的贵宾，还娶了吕雉。后来，刘邦果然如吕公所说当上了皇帝。

刘邦虽然只是个小官，却有很强的值得感，他觉得自己值得成为吕公的贵宾。酒席间他神态自如，无视恶意的挖苦，还故意坐到了上座。我想，正是这种值得感所迸发出的能量成功地引起了吕公的注意，善于察人的吕公认为刘邦日后必有一番成就，而刘邦确实也没有让吕公失望。请问各位，如果换成你，你是否有勇气大模大样地坐到吕公的宴席上呢？没有强大的值得感支撑自己，心里一旦犯嘀咕，就会流露出紧张和尴尬的神情，恐怕就会被吕公的家丁赶出门了吧。

回到现实生活中，你有没有为了省钱而委屈自己的经历？当然，在个人奋斗的进程中，难免要经历物质贫乏的阶段，这些是我们难以左右的。但是，过犹不及，不要让一味节省的想法固化你的思维、阻碍你的进步。

让我们试想一下，如果你在条件允许的范围内，适当地调整一下消费方式和水准，生活又会是什么样？你的脑海中是否会浮现出这样的画面：你每天穿着得体、充满自信，早晨上班前在公司楼下给自己买一份健康早餐，神清气爽的一天就开始了。你预感新的一天工作效率会特别高，好情绪会让你和同事及客户之间的关系更加融洽，有创意的点子也会不断涌现。在你和客户的交流过程中，客户被你的正能量所带动，也许会选择你的提案或者服务。工作业绩提高，老板还给你升职加薪，一切都进入了良性循环之中。

因此，有时候看似省了钱，但是在节流的同时也影响了工作，进而影响财富的流入；有时候看似多花了一些钱，然而对这些成本的合理支出却让工作进入了良好的状态，从而让财富大大地流入。

要知道，吃苦和获得财富之间并不能画等号。只有通过吃苦才能获得财富是一种限制性思维。有谁天生就喜欢吃苦呢？我们为什么不可以更有技巧性、更轻松地获取财富？有的时候，我们享受财富，财富反而来得更快。

我们先来定义一下什么叫作"吃苦"。苦的根源在于你在做不愿意做的事。如果你热爱这份工作，很享受这份工作带来的挑战，就会觉得工作是快乐的源泉。我们也要清楚扩大舒适区不等同于吃苦，扩大舒适区实质上是挑战自我，改变自己的心理状态和行为模式，从而得到成长，这与吃苦是两回事。

有的人从小受到的教育就是要吃苦、要节约，不要对物质过于奢望。当然，这与其所处的环境有密切关联。然而，若一味地牺牲当下，实际上则舍弃了个人的幸福感。舍不得为自己投资，等于在潜意识中暗示自己："我不配拥有好的生活，我不配得到财富。"久而久之，这种思想根深蒂固，而有朝一日，等财富真的要到来时，他们的内心很有可能是抗拒的，是接收不到的。

如今，经济发展迅速，每个人都有很多种选择，有机会做自己想做的工作。如果你觉得自己的工作很辛苦，请改变你的态度，在工作中寻找乐趣；或者你也可以换一份喜欢的工作。我建议大家要舍得为自己投资，让自己感觉良好，提升内心的正能量，进入能获取更多财富的良性循环中。

财富要义

- 值得感就是你发自内心觉得自己值得拥有一切美好的事物，包括良好的人际关系、足够多的财富、幸福的生活。值得感就是爱自己，真心觉得自己足够好，自己能配得上更多财富和更好的生活。只有提升值得感，财富才更愿意找上你。
- 吃苦和获得财富之间并不能画等号。苦的根源在于你在做不愿意做的事，内心抗拒，所以也很难有收获。
- 做自己喜欢做的工作，在工作中寻找乐趣；为自己的生活做一些支出，让自己感觉良好，可以提升自己的正能量和值得感，进入能获取更多财富的状态中。

■ ■ ■ **财商小课堂** ■ ■ ■

问：如何提升自己的值得感？

答：这个世界是很丰富的，生活掌握在自己手中。请告诉自己：

"我值得拥有很多美好的东西。从今天起，在条件允许的情况下，我要适当地提升自己的值得感。我问自己的内心，现在的工作是否是自己热爱的；如果感觉不好，我将考虑换一份喜爱的工作。因为我值得有一份更好的工作，在工作的每一分钟里我都感到快乐，感到享受。当我感觉良好的时候，美好的事物就会源源不断地涌向我，这些都是我值得拥有的。"

不是勤奋不够而是思考力不够

在第 1 章，我们讲述了农二代小鑫的故事。小鑫最初在北京中关村销售电脑，虽然他起早贪黑、勤奋努力，但是他的收入仍不足以支付父亲的医药费，家乡的果园也因为疏于打理而收入下降。他停下来认真思考奋斗的方向后，他调整了路线，才找到了适合自己的发展道路。

生活中，我们经常看到有些人非常辛苦，他们或经常加班、早出晚归，或忙着做兼职，或忙于攻读更高的学位以便升职。年复一年，他们忙忙碌碌，却依然觉得投入与产出不成正比，难以改善自己的生活条件。而有些人，年纪轻轻就实现了财务自由，他们每天的工作时间很短，因此有更多的时间可以自由支配，他们的生活也显得更富有弹性和质感。我们如何能够让工作更高效，从而获得更多的财富和自由呢？

关于勤奋与成功的关系，我想和大家分享这样的一个故事。

王勤在大学时读的是艺术设计专业，毕业后他在北京一家化妆品包装生产公司做了5年的设计师。虽然工作稳定，但是在北京这个生活成本很高的城市里，他的收入并不算高。他每天早出晚归，经常熬夜加班，在工作之余还做着兼职。久而久之，他感觉身心疲惫，生活的压力让他喘不过气来。他也弄不明白，自己花这么多年时间读书，工作勤奋，为什么回报和付出却并不对等？他甚至认为那些轻松实现财务自由的人一定是没有走"正途"。

王勤的大学同学李明，在毕业后和几个朋友成立了一家设计公司，为网络游戏公司做原画设计工作，具体而言就是对游戏中的人物、道具和场景进行设计。他们每天的工作时间不长，工作内容有趣，而且收入可观。随着网络游戏的火爆和用户的迅速增长，这家设计公司的规模逐渐扩大，两年前居然被一家大型网络游戏公司收购了。李明把公司卖了，套现了5 000万元，并保留了一定的股权，能够每年得到分红。目前，他还在公司担任顾问工作，工作时间自由，业余时间他经常自驾旅游。

毕业时李明也曾建议王勤一起入股新公司，王勤却认为"不稳定"而回绝了。现在看来，是王勤自己把李明送来的财富生生地推掉了。王勤痛定思痛，又找到李明，向他请教，打算调整自己的发展路线。目前王勤正和李明共同筹办另外一家专为网络游戏服务的设计公司，相信不久后，他也会实现自己的目标。

王勤起初天天加班还做兼职，但是他并没有找到努力的方向。脱离深度思考的决策往往称不上是英明的决策。勤奋并不意味着能够成功，勤奋工作并不是用来逃避思考的借口。我们再回过头来帮王勤分析一下问题出在何处。王勤所在的化妆品包装生产公司，由于行业的产能过剩，接到的订单越来越少，而包装纸的成本却在不断上涨。这也是王勤为什么努力工作了

5 年还是得不到加薪的原因——企业所在的行业开始衰退，企业也在走下坡路，没有更多的资金用来发放员工福利了。如果未来公司难以维持，王勤还将失去这份工作。好在他迅速转变思路，调整了自己的路线，我想他的成功指日可待。

而李明在投入时间、精力和财力之前对网络游戏行业进行了一番精准的分析、预判，他确定随着互联网的高速发展和智能手机的逐渐普及，这个新兴的行业会日益发展壮大，他喜欢这个有挑战、有趣味的行业，工作对他来说就是享受。李明把功夫下在了行动之前的调研和判断上，他很享受创业过程，最终还通过售出公司股权实现了财务自由。

我们积累财富的过程正如滚雪球。一个雪球最初可能只有一颗葡萄这么大，随着粘上的雪越来越多，雪球会变得像苹果，最后当双手拿不住的时候我们就可以把它放在地上滚了。这时候，你需要找到一条正确的雪道，这条雪道必须有足够长的坡（高增长的行业），以及足够厚的雪（好生意）。然后，你需要做的就是耐心持有。雪球在正确的雪道上会越滚越快，越滚越大，逐渐势不可挡、所向披靡。如果你错选了一条没有雪的雪道，或者是一条又短又坎坷，甚至是一条环境温度很高的雪道，那么你的雪球一定无法变大，甚至会融化。

王勤一开始找了一个又短又曲折的坡，坡上的雪又薄又少，虽然他努力地滚着雪球，但是他的雪球还是没有变大。而李明在开始滚雪球之前，费心考察了雪道，找到了一条又长又直且有着厚厚的、松软的雪的坡，之后他没费什么力气就滚成了一个大雪球。

小米科技的创始人雷军曾说过一句话："不要用战术上的勤奋掩盖战略上的懒惰。"很多人认为无论做什么事，只要勤奋就可以成功。但是如果我们没经过战略性的深度思考，就算把工作重复做了一万遍，也还是低效甚至无效的，说不定我们还要花更多的时间纠正错误。任何在错误的方向上的勤奋都会让你流失本应到手的财富，浪费宝贵的时间。这样的努力是对自己的消耗，还不如不做。

人们通过勤奋工作可以在一定程度上改善经济条件，但致富是一门学问，只靠勤奋是难以实现目标的，有时候盲目的努力反而阻碍了财富的积累。我们在行动前，要关注自己的目标，搜集大量相关信息并在其中找到关键信息，由此形成思路、找到方向、做出计划。如果觉得自己的认知不深刻，可以咨询相关专业人士，听取意见，在一切都经过深思熟虑后再采取行动。要避免不加任何思考的盲目的"勤奋"。找到正确的雪道，才能把雪球越滚越大。

财富要义

- 人生积累财富的过程正如滚雪球。你需要找到一条正确的雪道。这条雪道必须有足够长的坡（高增长的行业），以及足够厚的雪（好生意）。然后，你需要做的就是耐心持有。
- 不要用战术上的勤奋掩盖战略上的懒惰。致富是一门学问，只靠勤奋是难以达到目标的。没经过战略性思考，就算把工作做了一万遍，还是低效甚至无效的。雪道不对，滚不出大的雪球。
- 我们在行动前，要关注自己的目标，搜集大量相关信息并在其中找到关键信息，由此形成思路、找到方向、做出计划。在一切都经过深思熟虑后再采取行动。找到正确的雪道，才能把雪球越滚越大。

财富是流动的——你的付出会加倍回馈于你

在第 1 章，单身女白领琪琪为了积累财富舍不得花钱，一味削减支出，再加上受到原生家庭的影响，她生活得不开心、不自由。后来，琪琪拿出积蓄，租了一套公寓，不再受原生家庭的限制，迈出了走向成功的第一步。通过扩大社交面，她认识了宠物店老板小章，发现了正在崛起的"单身经济"中的机会。她积极投入，最终取得了成功。

除了像琪琪一样为自己投资以外，我们可能还有帮助别人、回馈社会的愿望，我们会去做一些力所能及的事——小到捐赠衣物，大到资助教育。但有些人说："我也很想帮助那些有困难的人，可是我连自己的房租都付不起，我拿什么来帮助他们呢？"其实，这是把自己放在一个匮乏的角色上思考问题，也就是认为："我没有钱，钱是有限的，是越花越少的，给了别人自己就没有了。"这是一种限制性思维。而实际上，钱是可以越花越多的。

拿投资来说，人们把钱投入一定的领域，付出了成本和精力，过一段时间就可能收获更多的财富。人们买书，或者购买一些培训课程来进行自我投资，也是为了在工作中得到更多的回报。这样看来，钱是不是可以越花越多呢？

　　一些企业家捐献大量的财富给有需要的病人做治疗，为贫困山区修路，建立孤儿院、希望小学。他们的财富捐出去了，他们的善举在社会上为企业树立了良好的形象，得到了社会的好评，企业越做越大，财富越变越多。

　　财富是一种能量，你可以用财富换来漂亮的服装、美味的饮食、舒适的住宅、代步的工具；你还可以用财富请专业人士帮你做事，助力你的事业，照顾孩子和老人，照料你的健康，从而节省了时间，把你从这些事情中解放出来，让你有精力做自己喜欢做的事情。由此看来，财富是可以给生活带来喜悦感和安全感的能量。既然能量是流动的，而且是可以相互转化的，那么这种喜悦的能量也可以通过某种特定的方式再转化为财富。助人为乐，简而言之就是通过帮助别人而获得快乐。你帮助了他人，得到了他人的感谢和祝福，自己也因此得到快乐，这种喜悦可以提升你内心的能量，让你在工作上获取更多的灵感和帮助，这也许会让你的财富增加得更快。

有一个女孩子，家境不是特别优裕，她在大学学习的专业是市场营销。毕业后，她留在了北京，想寻找一份和销售相关的工作。但是她比较害羞，并不能言善辩，这对于一名销售人员来说不是什么优点。虽然她学习成绩不错，也投了很多份简历，但每次面试时总是因少言寡语而以失败告终。

眼看着她已经毕业几个月了，别的同学都找到了工作。她父母给的钱已经不足以支撑她在北京生活下去了，如果再找不到工作，她就只能返回河北老家。后来，她来到了一家房地产公司，想最后试试运气。可是，和以往一样，每次人力资源经理问她问题时，她都是一句话回答完，不超过10个字，然后就与面试官面对面地在安静和尴尬的氛围中熬时间。虽然她的简历看上去还不错，但很多人认为她不是合适的人选，在面试结束时就婉转地告诉她回去等通知。

女孩子回想刚才面试官的神情，心里很清楚录取的通知不会来。在找工作的这段时间里，她经历了一次次的从期待到怀疑再到失望。她想，这次应该也失败了吧。她摸了摸口袋里的钱（几年前支付宝和微信还没有那么普及），这些钱只够她吃一顿饭和买一张回老家的车票了。出了国贸的那栋高楼，她想去吃一碗面，也许这是在北京吃的最后一餐，因为她计划明天就回老家了。在面馆门口，有一个女人抱着一个孩子坐在地上，身上很脏，面前有一个乞讨用的小盒子。孩子睡着了，女人很瘦。午休时间，人潮涌动，面馆里进进出出的人非常多，但是没有人注意她们。女孩子看到了她们，心想："也许这个女人也像我一样不会张口说话，所以才要不到钱吧。"女孩子很同情她们，她觉得这母女俩一定没有吃饭，于是，就用自己仅有的一点钱买了包子和水送给这母女俩。看着那位母亲感激的眼神，女孩子很开心，觉得这是她在北京留下的最后的美好记忆。

回到住处后，女孩子给父母打了电话，告诉他们自己明天就买票回去，然后就开始收拾行李。下午4点钟，她的手机铃声突然响起，她去面试的那家房地产公司的人力资源经理通知她下周一来上班。女孩子惊呆了，不相信这件好事会发生在自己的身上。原来那家面馆就在人力资源经理办公室的对面，经理从窗户完完整整地看到了女孩子善意的行为，被她感动。最终，女孩子虽然没有得到销售的职位，但鉴于她乐于助人、性情温和，公司给她在客服中心安排了一个职位，让她做客服工作。

其实，这个女孩子是我之前所在公司的一位同事。后来人力资源经理谈起这件事时说，她看到这个女孩子给母女俩送食物的时候，觉得女孩子身上散发着温暖的光晕，这让她马上就做出了录取她的决定。这种光晕就是内心的能量，女孩子的这一善举，以及她帮助别人后内心的快乐、平和转变为能量。她给出去的钱马上以另一种方式加倍回馈了她。

女孩子的善举被大家看在眼里，她也因此得到了一份工作。所以，通过这个真实的案例，我们也许可以领悟到：即使你的钱不多，也可以帮助他人，只要你尽力把自己的爱心与正能量传递出去，你为他人的付出说不定有一天就会加倍回馈到你的身上。

财富要义

- 金钱是一种流动的能量，能付出说明你是富足的、有能力的。认为钱是有限的，越花越少，给了别人自己就没有了，这是一种限制性思维。
- 人们把钱投入一定的领域，付出了成本和精力，过一段时间就有可能收获更多的财富。人们买书或者购买一些培训课程进行自我投资，也会在工作中得到更多的回报。
- 我们用钱做公益的善举会在社会上为自己树立良好的形象。得到了社会的好评，自身的提升就会越来越快，财富会越变越多。付出等于得到，给出去的将加倍回来。

关于财富的 4 种误读

我们在前文着重阐述了对财富要有正确的态度。你对财富的态度决定了财富对你的态度，正确的金钱观能给你带来机遇，要有值得感、思考力和投资思维。

人们的行为都是由自己的思维模式支配的，这些思维模式是人们受生活环境的影响日积月累形成的，它们深深地藏在我们的潜意识里。如果我们不刻意地寻找某些错误的认识，那么它们是很难被察觉的。为了保证行动有正确的观念做指导，我们首先要纠正几种常见的限制性思维和错误的财富观。

- **错误观点 1：必须吃苦才能完成财富的积累**

谁规定吃苹果前先要吃掉两斤苦瓜？吃苦和获得财富之间并没有必然联系，我们可以用更轻松、更具技巧性的方式实现财务自由。

我们的生活是丰富多彩的，我们有很多选择，应该做喜欢的工作，做能让自己乐在其中的工作，让工作成为快乐的源泉。同时，我们要有值得感，从内心认定自己配得上且能够得到美好的生活，自己是值得拥有财富的。

- **错误观点 2：必须每天超时工作，只有不停努力才能获得财务自由**

获得财务自由最重要的是你对财富持正确的态度，处于合适的经济周期，抓住风口、选对雪道，并且尽量长期保持雪球继续往前滚。如果你的超时工作和努力都用在研究以上几个关键问题上，那么你就找准了方向。

但是如果方向错了，那就白费力气，做得越多，错得越多。就像我们在本章说的王勤和李明的故事，王勤选择的行业是向下走的，所以不管他怎么辛苦都无法达到自己的期望值；李明选择的行业呈上升态势，他没费多大力气就获得了财务自由。

我们要实现目标，就必须懂得紧跟经济周期上升的大趋势，在高速发展的行业的风口滚雪球，利用雪球自身的动能将其越滚越大，这是相对轻松的过程。如果你觉得费力，那么就要审视自己是否在逆势而为。请把努力放回到对上述几个关键因素的深度思考上，不要让盲目的劳碌阻碍了你捕获机会和积累财富。

- **错误观点 3：为了积累财富我舍不得花钱，把大部分收入都存起来**

我听说过这样一句话："钱是可以越花越多的。"细想起来，这句话并不是没有道理。我们把钱投入一定的领域，付出了成本，过一段时间就有可能收获更多的财富。同样，要想达到财务自由，我们首先应该考虑的是增加被动收入，而不是削减生活必要的支出。

实际上，要想实现财务自由可以从两个方面入手：开源与节流。我更偏向于前者，因为如果为了实现财务自由而一味地缩减支出，那么怎么能实现深层次的"自由"呢？况且只限于保本、不积极创收，也是很难达到财务自由的目标的。所以，我们要从开源的角度着手，更快速、有效地实现真正的财务自由。

- **错误观点 4：既然可以轻松实现财务自由，那就轻轻松松，什么都不做。**

当你已经处于一个经济上升周期，在一个合适的风口，也在一个正确的雪道上把雪球滚了起来，而雪球可以靠自身的动能维持滚动时，你确实可以放松下来，等着雪球滚大。但是没有最初的一片片雪花的凝结，是没有办法形成雪球的，雪片不可能自己粘成雪球并跑到合适的雪道上。在雪球自动滚起来之前，你必须自主判断经济周期、找风口、找雪道，并且动手把雪球捏起来。

更何况，什么都不做的生活状态真的是你的理想状态吗？我们提倡的轻松感源于精神上的正能量，是指顺应时代的大趋势，在自己擅长和喜欢的领域寻找机会，对工作充满热情，全身心投入。

以上是普遍存在的关于财富的几种误读。审视自身，局限性思维是否在阻碍着我们实现财务自由？让我们去除局限性思维，少做无用功，更高效、更轻松地走上财务自由之路吧！

Chapter Three

第 3 章

聪明人的赚钱方式——趋势投资

故善战人之势，如转圆石于千仞之山者，势也。

——《孙子兵法》

趋势投资和风口

趋势是指事物发展的动向，也是事物自身发展运行的一种自然规律，它具有重复、持续、有序、有向的特点。我们的行为要符合趋势，才能得到自己预期的结果。趋势投资是指投资人把握大趋势，根据投资标的的上涨或下跌周期来进行投资的一种方式。

普通人不具备未卜先知的能力，那么我们对一件事情的预测就源于我们对这件事情的深入思考。我们不仅仅要思考书本里是怎么讲的、身边的人是怎么讲的，还要在消化了大量信息并充分理解了事情的底层逻辑之后，对其未来的发展趋势做出精准的判断。我们需要经过大量实践，才能逐步提高认知能力。

如果你目前不具备这种能力，可以去找一位你信任的专业人士，听听他对这件事情的看法。这个人可以是现实生活中你认为有能力成为你的导师的人，比如一位行业领袖、知名人士。你可以参考他的观点并融合自己的想法，形成自己的辩证性思维，从而做出判断。

投资标的无论是一项事业、一个项目，还是一只股票，我们都希望这个标的不偏离自己判断的趋势，并且顺应社会发展的大趋势，这样我们才能获得收益。这种大趋势，市场上俗称为"风口"。我们也可以将风口理解为顺应社会发展趋势、得到政策支持因而高速发展且拥有巨大盈利潜力的产业或领域。

高财商
轻松实现财务自由的思考力和行动力

在风口上，谁都能飞

2002 年，我国迎来了煤炭行业的"黄金时代"，煤炭价格飞涨，煤老板实现了巨额财富的飞速积累。而 2002 年至 2012 年被称为我国煤炭行业的"黄金十年"，在这十年里，煤炭的消费量大幅增长，煤炭行业的利润空间越来越大。一时间，各路资本都涌入了煤炭行业，煤矿经营者自然被推到了风口上，快速实现了财务自由。

然而，自 2012 年下半年以来，由于新能源的开发，国民对煤炭的需求量逐渐减少，我国煤炭行业出现了下滑的行情。在煤炭价格下跌、销量下降的同时，大批煤炭企业经济效益急剧下滑，亏损面不断扩大，很多原来挥金如土的煤老板开始负债累累。他们本以为风会一直吹，没想到风停了，他们就从风口上掉了下来。

在 2002 年至 2012 年的"黄金十年"里，煤炭产业是风口，煤老板利用风口的大风"飞"了起来。但大部分人没有抓住机会长出翅膀、学会自己飞，而是单纯依赖这个风口。风不会一直吹，这种向上的趋势是有时间限制的。在有风的时候如果你能够乘势而飞，并且练出飞翔的本领，那么在风停时，你也会处于一个很高的位置；相反，如果你只贪图风口带来的各种便利而不思进取，那么飞得越高就会摔得越惨。所以，当风停下来的时候，很多人都重重地摔在了地上。

煤炭是个周期性行业，周期性行业的特征就是产品价格呈周期性波动。产品的市场价格是企业赢利的基础，在市场经济下，产品价格形成的基础是供求关系，而不是成本；成本只是产品最低价的稳定器，但不是决定性因素。如果煤老板对煤炭行业的涨跌周期研究得透彻，对趋势有所判断，就不会盲目扩大投资了。如果他们在 2012 年以前就开始缩小规模，把前几年积累的胜利果实保持住，那么他们就会持续保持收益；反之，他们就要把前面赚到的钱都还回去，甚至需要加倍还回去。

雷军曾说过："在风口上，猪都会飞。"这句话是指能否创业成功在很大程度上取决于你是否找到了风口、顺势而为。《孙子兵法·兵势篇》中有"故善战人之势，如转圆石于千仞之山

高财商
轻松实现财务自由的思考力和行动力

者，势也"。意思是，善于指挥打仗的人所造就的"势"，就像让圆石从极高、极陡的山上滚下来一样，用力极微，其冲击力却极大，势不可挡。这和我们之前所说的靠雪球自身的重量和雪道的坡度滚雪球有异曲同工之妙。

我再举一个例子。自 2015 年以来，网络直播集中爆发，成了互联网领域中的又一个风口，创业公司纷纷追赶风口，资本热钱疯狂流入。移动互联网技术的发展促进了直播的发展，一些年轻的主播利用智能手机展示着自己日常生活的方方面面，如唱歌、化妆、户外运动、野外生存，甚至吃麻辣小龙虾。主播可以收到粉丝"打赏"的虚拟礼物（如"飞机""火箭""兰博基尼汽车"等），这些虚拟礼物可以按照一定的价格比例兑换成现金。直播给了人们一个最直观的展示个性的平台，在自媒体时代，每个人都可以通过直播展示自己，直播平台的用户不断增长。目前，这个市场还有上升空间。

当直播刚开始兴起时，网络主播赚钱非常容易，有的主播甚至靠每天直播展示吃东西就可以达到月收入好几万元。然而，千篇一律的"网红"直播让用户审美疲劳，用户的流失导致平台的"造血"能力下降。随着用户增长红利的减少，一些小平台仅凭单一元素吸引用户的模式已难以产生新的流量，无法实现持续盈利。再加上政策管控日趋严格，相关部门严令下架内容低劣、不符合正确价值观的直播节目，劣质平台势必被迅速淘汰。未来，用户会逐步涌向内容健康、监管力度强的直播平台。同时，仅靠虚拟礼物分成这种有限的变现模式也很难实现持续盈利。随着红利期的结束，大公司也许有足够的资本可以进行战略调整、内容改善，而刚创业不久、积累不多的小公司就只能正视失败的现实了。在此形势下，小平台的网络主播中有一半的人月收入降到千元以下，只有不到一成的网络主播的月收入仍能维持在万元以上。"一年赚一个亿"的神话再也不会有了。狂热的资本撤离之后，直播行业只剩下一片狼藉。

网络主播曾经靠着唱歌、跳舞、教人化妆、表演吃东西等赢得了不少粉丝，粉丝就是他们积累下来的一种资源。若他们能看到直播红利将消退的趋势，就应该提升自己，找到更专业的平台，组建专业团队策划包装，制作有竞争力的内容，把自己转型为一个更具特色的品牌直播人，而不是每天重复着千篇一律的内容，认为自己可以永远红下去。在风口上，谁都能飞，但是如果风停了呢？

避免风口投机，不做麻雀，做鲲鹏

在互联网大环境下，创业者积极地寻找风口，以便迅速地积累财富。但是后来，有些人慢慢将"风口"片面地理解成了热门行业、热门领域。他们认为，因为热门，所以会有各种助力，只要懂得借势，就可以成功。寻找风口最后居然演变成了追逐热点。

如果大家都来跟风，当某个热门领域有无数创业者削尖了脑袋想要往里挤时，将出现激烈的竞争，甚至恶意的打压，这很可能导致混乱。这时，就会出现"大洗牌"和"倒闭潮"。这样的例子在生活中比比皆是。

几年前出现的共享单车给我们的生活带来了很大便利。共享单车是指企业在公交站点、居民区、商业区等地点提供骑行自行车的共享服务。它采取分时租赁模式，属于一种新型环保共享经济。最早出现的共享单车是"小黄车"，后来又有"小桔车"跟进。由于使用价格低、适用性强，共享单车的使用人数巨大，其支付入口带来的流量相当可观。正因如此，"小黄车"和"小桔车"这两种单车拿到了几十亿元的融资。在巨额资本进入的效应下，共享单车行业很快成了风口，"小蓝车""小白车""小红车""小银车"都跟风出现了。据不完全统计，目前市面上共有二十多个品种的共享单车。

然而，由于共享单车的过度投放，多余的单车占用了马路主干道、人行道。一些没有成功融资或者在用完资金后没有后续资金维持的共享单车公司纷纷倒闭，路旁多处可见被遗弃的共享单车，有的城市已经开始暂停投放共享单车。也许"在风口上，猪都会飞"，但是，大风过后，"猪"还能飞得起来吗？

众多共享单车公司的倒闭，让我们看到了盲目跟风和追逐热点造成的后果。在"风口论"之后，又出现了"风口投机论"，市场上出现了过度投机的现象。一些互联网公司的创始人纷纷表示："如果大家都想找捷径，每个人都有这种想法，是很危险的。"实际上，这两种论点都有一定的道理，关键在于我们是否真正理解何谓"风口"。

广义上的风口是指社会经济发展的大趋势，也可以理解成我们滚雪球的雪道。而跟风是指哪里"热"就去哪里，那不是真正意义上的风口。不顾自身的能力、一味追逐热点的举动只能算作一种盲目投机的行为。

互联网环境本身就是一个时代的大风口，我们目前处于这样一个大风口上是很幸运的。我国市场是庞大的，我国经济持续多年快速增长，各种机会层出不穷。我们应该聚焦在真正适合自己的事情上，提高个人能力，踏踏实实地把事情做好。

有人说："我做的是传统产业，和互联网并没有太大的关系。"实际上，在当今时代，互联网已经遍布我们生活的各个领域。"互联网＋"即"互联网＋各个传统行业"，并不是指将二者简单地叠加，而是指利用信息通信技术及互联网平台，让互联网与传统行业进行深度融合，创造新的发展生态。它代表着一种新的社会形态，即充分发挥互联网在社会资源配置中的优化和集成作用，将互联网的创新成果深度融合于经济、社会各领域之中，提升全社会的创新力和生产力，形成更广泛的以互联网为基础设施和实现工具的经济发展新形态。

例如，我们想开一家面包店，我们可以在点评类网站上展示店里的商品，可以通过在线外卖交易平台推出外卖服务，还可以利用团购网站推出团购活动，等等。这些都是通过互联网来实现的。在"互联网＋"的大环境下，我们就要思考怎样把店铺的网站做得更吸引人，把店铺的微信公众号做得更打动人心。

在"互联网＋"大趋势下，任何一个行业都能做出新意，做出花样。我们需要思考的是怎样把自己喜欢和擅长的事情与风口挂钩，而不是盲目跟风，什么"热"就一窝蜂地去做什么。例如，很多人都想去风口，我们完全可以换一种思维，不必非得自己挤着往风口走，而可以卖"自行车"给那些去风口的人，让他们跑得更快，也可以卖通往风口的"地图"给他们指明方向。风口太挤，我们可以提供"食品饮料"和休息用的"小板凳"；甚至还可以卖"降落伞"，在风停的时候帮助大家安全降落。总之，借助风口获得财富的道路千万条，关键在于如何选择。

19 世纪中期，人们在美国加利福尼亚州发现金矿，美国全国沸腾。很多企业停止营业，许多人离职并涌向金矿产地。由于成千上万的淘金者涌入这个风口，因此加利福尼亚州的人口猛增，许多新兴城镇很快发展起来，并成长为国际大都市。起初，由于金沙在地表层，所以人们只要用一个普通的洗脸盆就可以从沙里淘洗出黄金。那时，每人一天平均能有 20 美元的收入，这相当于美国东部地区工人日工资的 20 倍。1853 年，正是"加利福尼亚淘金热"最"热"的时候。淘金的工人们一直抱怨裤子磨损得太厉害，而且装不下淘来的黄金颗粒。一位名叫李维·斯特劳斯的商人发现了商机，萌发了用滞销的帆布制作一种不易磨损的工装裤的想法。他试着做了一批低腰、直筒、臀围小的裤子，卖给旧金山的淘金工人。因为这种裤子比棉布裤子更结实、耐磨，保护了矿工的膝盖，使它们免于被磨伤，所以这种工装裤大受欢迎。于是，他索性开了一家专门生产帆布工装裤的公司，并以自己名字的缩写"李维斯"作为品牌，李维·斯特劳斯成功创业的道路也由此展开。

自 1854 年起，加利福尼亚州的淘金热逐渐退去，黄金产值下降，很多淘金的人都没有赚到钱，纷纷离开了当时淘金的小镇。我去美国旅行时，曾路过加利福尼亚州南部的一个"鬼城"，这个城镇就是那个时代的特殊产物。那里早已无人居住，只有一些房屋商铺和当年淘金留下的设备，如今已经成了旅游景点。但是时经 100 多年，"李维斯"这个品牌已经闻名世界。事实上，当时因为淘金而发财的不止此一家，在淘金热期间，由于人口的急剧增长，衣、食、住等方面的生活物资供应陡然紧张，特别是服务业的发展无法满足社会的需要，物价飞涨。在旧金山，一个在美国东部仅仅价值 4 美分至 5 美分的面包就要卖到 50 美分至 75 美分；在洗衣店洗一打衣服要价 20 美元；原先一块价格 15 美元的地皮，现在价格上涨到 8 000 美元。可见当时围绕着淘金这个"风口"，各个相关产业都借势而起了。成功者选择了自己擅长的事情，如果他们放下自己的事业去参加淘金的竞争，恐怕不但赚不到钱，还会搭上原来的生意。

所以，还是像前文中所说，我们应该做自己喜欢和擅长的事。只有这样才能保持激情，一直做下去。我们这一代很幸运，处于时代的大风口之下，即使你做的是传统产业，也可以在某个维度上与时代的大风口相关联。选择自己喜欢做的事，不断提升自己的能力，充满激情、脚踏实地，你成功的概率就会更大。如果你只想跟风，微商"热"就做微商，直播"热"就做直播，那么这样做一定行不通。我国的市场很大，人也很多，每一个领域都有很多竞争对手，你觉得那里是风口，其他人也知道，都往那里挤。那些有更多资源且提前有所准备的人早已占了先机。总而言之，不是仅仅看到了风口就可以成功，更不是只要站在风口处就能乘风飞起来。

事实上，我们要做的事情是要思考怎样把控这个风口，怎样提升自己，好好地练好翅膀的力量和飞行的本领，最终让自己变成鲲鹏。如果我们单凭自己的力量就可以飞，等到风来了就能够展翅飞得更高；就算风停了，也不会跌下来。况且，如果你足够优秀，你就会变成"风口"，有无数投资者和资本在后面跟着投资你。

问：如果正巧处于风口上，怎样把控好风向？

答：我们已经幸运地站在时代的大风口上，在把握趋势的同时要不断提升自己的能力，练就飞行的技巧，使自己蜕变成展翅的鲲鹏。风起时，会带动一片产业，我们可以选择自己喜欢和擅长的事情，即便是传统产业也可以和风口相关联。如果你恰好处于风口上，请抓紧时间长出自己的翅膀，这样才能天高任鸟飞。盲目地追逐热点，就算被风吹上了天，在风停后，飞得越高就摔得越重。寻找风口、蓄积力量、乘势高飞，如果足够优秀，你就是风口！

在风口滚雪球造就了年轻的世界首富

我们来看看世界排名靠前的富豪是怎样借助风口实现人生飞跃的。在 2018 年 10 月 2 日更新的"福布斯富豪榜"中，排名第一的富豪是亚马逊公司的创始人杰夫·贝佐斯，54 岁，资产为 1 650 亿美元；第二名是微软的创始人比尔·盖茨，62 岁，资产为 979 亿美元；第三名是伯克希尔·哈撒韦公司的创始人沃伦·巴菲特，88 岁，资产为 891 亿美元。

世界首富杰夫·贝佐斯，2018 年时 54 岁。有人说，他已经不再年轻了。可实际上他是富豪榜前 10 位中第二年轻的富豪，而最年轻的富豪是排在第 7 位的 Facebook 创始人马克·扎克伯格。

贝佐斯的亚马逊公司创立于 1995 年，目前已成为全球著名的互联网公司。亚马逊和其他销售商为客户提供数百万种产品。沃伦·巴菲特创建的伯克希尔·哈撒韦公司则是一家具有广泛影响的投资控股公司，在全世界同类公司中，其股东净资产总值名列第一。该公司是拥有股票、债券、现金和白银的"保险王国"。贝佐斯比巴菲特年轻 34 岁，亚马逊公司比伯克希尔·哈撒韦公司"年轻"39 岁。

1994 年，互联网迅速发展。贝佐斯敏锐地觉察到电子商务行业可能蕴含商机，他毅然辞去了在华尔街的工作，在自家的车库里开始了创业。创业之初，贝佐斯就是想建立一家"万有商店"，让消费者可以买到他们想要的任何东西。一开始，他选择了图书这个品类作为切入口。亚马逊主要通过邮件接收订单，根据订单向图书批发商进货，然后再通过邮政系统将书寄给读者。由于采取线上销售，突破了地域限制，亚马逊的发展速度大大超过了传统的实体书店。之后，亚马逊迅速开通了自己的网站，让读者有了更便捷的购买渠道。随后，亚马逊又扩大了商品目录，建立了自己的仓储物流系统。1999年，亚马逊进一步调整商业经营模式，它将自己的网站部分开放给商户和个体经营者，允许它们在上面出售某个种类的商品，并且收取交易提成，将自己从一个网上书店变成了一个全平台电商。也正是这个平台化改革方案帮助亚马逊熬过了2000年互联网的"寒冬"，保证了较稳定的收入和盈利。后来，亚马逊又发展了云服务和广告业务。亚马逊的广告业务很有特色，通过电商平台上的交易记录，亚马逊可以对每一位消费者的偏好和状况进行精准统计，依靠这些信息和数据，它就可以对消费者进行精准的广告投放，这大大提高了商家广告的转化率。2017年，在美国的在线广告商中，亚马逊排名第五，其广告收入一直呈现增长态势。亚马逊目前还在物联网、人工智能技术方面进行深度研究和开发，在"万物互联"的时代继续创新。

我国本土的网络购物平台淘宝，其所属公司阿里巴巴在美国上市，造就了我国的首富马云。世界首富和中国首富恰巧都经营着业务相似的电商企业。贝佐斯比投资传统行业的巴菲特年轻 34 岁，而马云比从事传统行业的前亚洲首富李嘉诚年轻 36 岁。贝佐斯在 1995 年创立亚马逊公司时的启动资金只有 30 万美元。1993 年，巴菲特以 83 亿美元的个人资产总值首次获得了"世界首富"的称号。巴菲特在 1995 年写给股东的信中提到，1995 年其公司的净值成长了 45%，约合 53 亿美元。也就是说巴菲特创立的公司的净值已经超过百亿美元了，股票市值更是高过净值。刚刚诞生的亚马逊公司和伯克希尔·哈撒韦公司没有任何可比性。同样，马云在 1999 年白手起家，创办阿里巴巴的时候，李嘉诚已经是富豪了。然而，贝佐斯和马云凭什么在短短 20 多年里超越了两位老牌富豪呢？复利公式难道不成立了吗？

复利公式是 $F=P(1+i)^n$，其中 F 代表终值或未来值，即期末本利和的价值，P 代表现值也就是期初金额，i 是利息增长率，n 是计息期数。

从 1995 年开始算起，亚马逊公司至今已有 23 年的历史了。毋庸置疑，巴菲特的伯克希尔·哈撒韦公司在 1995 年的 P 值已经超过了百亿美元，而亚马逊公司的 P 值只有 30 万美元。一个近乎白手起家的年轻创业者是怎样在 23 年里创造了如此巨大的价值呢？秘密在于 i，也就是利息增长率。伯克希尔·哈撒韦公司连续 52 年的复合增长率为 19.1%，而亚马逊公司从只有 30 万美元创业基金发展到市值超过万亿美元，是因为其随着互联网的发展而爆发并呈指数级的增长。

近年来，巴菲特也意识到了风口的力量，改变了只投资传统行业的投资方式，开始投资高科技公司。在自然界中，风的力量是强大的，远远超过我们人类自身的力量，台风可以摧毁房屋、城市，甚至改变地貌。互联网行业在近年来一直是一个大风口，在这个领域诞生了大量的巨头公司，上演了一个个造富神话。如果我们想快速获得财务自由，借助风口的趋势是不容忽视的。

问：最好的雪道在哪里找？

答：在坡道里滚雪球，仅仅利用雪球自身的重量，远不如在风口利用风的动力更有效。在风口滚雪球，其速度可以快上几倍甚至几十倍，远远高于单单利用雪道的坡度和雪球自身的重力所产生的速度。顺风而动，顺应大趋势，可以事半功倍，产生意想不到的效果，创造奇迹。

康波周期教你把握好人生大机遇

有一种说法是，巴菲特之所以投资成功是因为他在康波周期衰退期入场，经历了回升期和繁荣期，完整地享受了全部红利（技术创新的红利）。

那么，什么是康波周期呢？经济学家尼古拉·康德拉季耶夫研究经济生活中的长期波动，分析了世界经济的大量统计数据，发现商品经济中存在为期 54 年的周期性波动。他研究得出如下结论。

世界经济中的第一次长波从 18 世纪 80 年代末 90 年代初

开始，至 1817 年为上升期，1818 年至 1844 年为衰落期。这一周期是所谓"产业革命时期"，其基本特征是手工制造或工场制造的蒸汽机被逐步推广到工业部门和工业国家。

第二次长波开始于 19 世纪 40 年代中期，从 1844 年至 1875 年为上升期，1876 年至 1896 年为衰落期。这是所谓"蒸汽和钢铁的时代"或"铁路化时代"，其特征是机器制造的蒸汽机成为主要的动力机，并且得到普及。

第三次长波开始于 19 世纪末，从 1896 年至 1920 年为上升期，之后进入衰落期。这是所谓"电气、化学和汽车的时代"，其特征是电动机和内燃机在所有工业部门中的普遍应用。

在 50 多年的周期中，一般来说，头 15 年是衰退期；接下来的 20 年是大量再投资期，在此期间新技术不断创新，经济发展飞快，显现出一派兴旺景象；其后的 10 年是过度建设期。过度建设会导致 5 至 10 年的混乱期，从而诱发下一次大衰退的出现。

一个康波周期对应 4 个波段：

（1）繁荣期（10 年）：新技术不断被开发利用，经济快速发展；

（2）衰退期（10 年）：经历牛市，经济回落；

（3）萧条期（10 年）：经济发展进入严重低迷期；

（4）回升期（20 年）：孕育新技术创新。

在康德拉季耶夫提出长波理论（简称康波）之后，许多经济学家对长波产生的动因进行了定性分析并对长波的存在进行了实证检验和证明。我国经济学家周金涛（1972 年至 2016 年），对此理论有深入的研究。他的名言是："人生发财靠康波。"他认为，每个人的财富积累，基本来源于经济周期运动带来的机会。

周金涛认为，在世界经济周期中，最长的周期是康德拉季耶夫周期，它的一个循环周期是 60 年。它分为回升、繁荣、衰退、萧条 4 个阶段。他指出，目前全球市场已经历了 4 个完整的康波周期，现在正处于第 5 个康波周期中衰退期的末端，而 2018 年至 2019 年正处在萧条期到回升期的一个关键节点。周金涛曾经在 2007 年时就预判 2008 年将发生一次衰退冲击。他在 2016 年去世前还预测了至 2017 年中期，我们将看到中国和美国的资产价格全线回落，2019 年将出现最低点。那个低点可能远比大家想象得低。2017 年至 2018 年，我国股市和楼市的状况证实了他的预测，他精准的预测在经济学界引起了很大反响。

周金涛还指出，一个康波的运动是由技术创新推动的，1975 年至 1982 年是上一次康波的萧条阶段，本次康波从 1982 年开始回升，1991 年至 1994 年发生的美国信息技术爆发，是康波繁荣的标志，在泡沫破灭之后，经济又增长了七八年。所以，2008 年之前是世界经济在本次康波周期中的黄金阶段，2004 年至 2015 年，应该是本次康波的衰退期，虽然经济增长不理想，但我们仍能够从资产价格中获得很大价值。例如 2009 年以来，股市、楼市，总体呈上升趋势。周金涛认为各个国家的房地产周期的启动点是有差异的，我国和美国就有差异。他建议在 2017 年卖掉资产，在 2019 年衰退期的最终低点，市场上充满便宜资产（如股票和房屋）时可以再次买进，然后就可以迎接 2025 年的回升期，也就是大风口了。

由此可见，根据经济周期，我们可以形成对未来趋势的判断，并做出顺应趋势的投资决策和行动，从而获得投资收益。

总结周金涛的理论可知，当代的年轻人一生致富的机会没有几次，第一次机会在 2008 年，如果那时候你买了股票、房产，你的人生是很成功的。2017 年至 2019 年将是全球经济增长基本动力的回落期，也是本轮周期的回落探底阶段，2019 年将出现资产价格的最低点，这个阶段是投资房产以及大宗商品的理想阶段。对于很多年轻人来说将是一个大风口。工作了一段时日，有了一些积蓄，准备在 2019 年买入资产的朋友就可以借助经济周期的力量，让资产在风口乘风翻滚。

我们每个人的财富积累都要依托经济周期带来的机会。时势造英雄，如果马云在创业时，经济处于萧条期，他也不会获得现在的成就，可以说是互联网高科技的高速发展成就了现在的他。这个周期的上升期也可以认为是我们之前所说的广义上的风口，60 年一个周期，赶上一次上升周期的机会非常难得。

如果做好选择是可以收获财富的，只要你能借着时代的大趋势，利用经济周期运动带给你的机会，在时代的风口乘上时代的风。

问：如何利用康波周期进行投资？

答：经济的起伏是有周期性的，每个人出生的时代就决定了他在周期中的位置。更好地了解大的经济周期，可以精准地判断投资的时间点。而投资时间点将直接决定你投资的成败。所以我们要想把握趋势、成功投资，首先需要关注和研究的就是经济周期，这样才能把握好人生的大机遇。

4 步把握时代和行业趋势，我们也可以在风口上飞

总结前两节中的案例可知，世界上能跟着趋势赚钱的是两类人，一类是像亚马逊创始人杰夫·贝佐斯、腾讯创始人马化腾这样的人，他们具备敏锐的嗅觉，对市场的理解很透彻，而且执行力很强，并且一旦开始创业，就全身心投入，他们这样的人只要看准了方向，就有机会赚取巨额财富。

还有一类人没有进行过主动选择，他们中的绝大多数人跟着趋势赚钱，随着时代的浪潮而动，潮起赚钱，潮退破产，例如本章中提到的煤老板。在过去的十多年里，对于煤老板来说，决定其能否赚大钱的因素，不是选择，而是运气。

有人说，运气就是命，是无法把握的，这种说法有宿命论的倾向。我认为机遇是可以把握的，而要想准确把握机遇，就要通过不断学习和实践，提高对事物的认知与判断能力。对于这些具体的知识，我们在这一本书中不可能讲完，你需要通过长期的、大量的积累才能构建多维度的思维模式。在本节中，我们来讲讲把握时代和行业趋势的四个要点。

● **多读书增加知识，多学习提高认知**

把握时代和行业的趋势需要你掌握一套方法论系统——通过数据分析、政策理解和历史研究，对行业进行专业性分析。无法判断趋势，是因为我们缺乏大局观，缺乏经济知识，缺乏行业经验，甚至缺乏常识，这些都需要我们通过多读书、多学习来弥补。

读书是提升自我的最便捷和低成本的方式，读书可以改变人生，让人形成多元思维模式。然而，完成知识的积累需要大量的时间，因此我们也可以寻找一个自己信任的卓越人士，参考他的判断和决定，甚至加盟他的事业。例如早些年加盟腾讯公司的员工正是基于对腾讯创始人的信任，他们和腾讯公司共同成长，随着公司上市，股价一路上涨，拥有股权的员工都抓住了互联网高速发展的机会，获得了巨额财富。

● **细心观察，发现变化，判断趋势，进行验证**

每个投资者都要学会观察并发现生活中的变化，对变化进行分析，结合书本上的数据、观点和理论判断趋势。并且，要用实践验证自己的判断，如果事实和理论冲突，就要考虑修订理论、服从事实。

例如一个股市投资者，可以通过博客或者日记记录自己每天对股市长线趋势、中线趋势、短线波动的判断，对个股业绩和价格的预测，并与实际情况进行对比，看看自己的判断是否正确，如果有偏差就找出原因，从而调整自己的判断，使之越来越客观和精准。

● 坚持自我，切忌盲从

趋势在一开始的时候是不易被大多数人察觉的，我们常犯的错误之一是过度关注其他人在做些什么。如果这样，你就很容易成为盲目的跟随者而非潮流的领导者。

毕竟能发现和把握趋势的人是少数的，大家都知道的机会就已经不是好机会了。所以不要被他人影响，走出从众心理，坚持自己的判断。

● 一旦判定趋势就要立即行动

看到趋势立即行动很重要，因为只有在大多数人尚未发现机会，而你却提前发现，也提前动手的情况下，你才有可能占据先发性优势。很多人其实都能看到一些机会，但是下手的人其实并不多，只看不做的人挺多。甚至由于一些非理性原因，在行动时和自己的判断反着做的人也不在少数。我们经常听很多人说："当年我就看到了这个机会，但是由于各种原因错过了。"那么，这个机会其实和他们一点关系都没有。

有执行力的人，胜算更大，即使一开始犯错也不用怕，因为趋势一旦来临就不会马上结束，会留给你一定的时间来试错。在实践中验证自己的判断，让自己的方向越来越接近目标方向，最终你就会把握风口并在风口上飞。

在第 5 章中，我们还会具体讲述如何在与生活息息相关的、未来有很大发展空间的行业中找到属于自己的机会。

Chapter Four

第　　　　4　　　　章

滚雪球和神奇的复利

　　　　• • • •

　　　　人生就像滚雪球，重要的是发现很湿的雪和很长

的坡。

　　　　　　　　　　　　　　　　——沃伦·巴菲特

　　　　　　　　　　　　　　　• • • •

在正确的雪道上滚雪球

前文中，我们已经引出了雪球和雪道这两个概念了。我们积累财富的过程正如滚雪球。雪球就像财富，雪道就像发展中的行业，而雪道上的雪就是报酬递增的商业模式。

　　玩过雪的人都知道，雪球刚开始滚动时，需要人为的帮

助。一开始要往小雪球上面粘雪，再放到地上滚动，这时需要助力来推动它。每滚一圈，它的体积都会增大，但是变化并不明显。等雪球滚到了半个人高的时候，你继续滚动它就会感觉十分困难，因为雪球很重，体积也大。这时候靠人力推就没那么容易了，只能把它放在一个很顺滑的雪道上，靠雪球自身的重力滚动。当雪球变得更大一些时，每滚一圈其体积就会大幅度增加，这时候，再靠人为的力量已没有办法滚动雪球了，你必须想办法让雪球在雪道上自行滚动。

如果你手中只有一个小雪球，一开始它的速度可能很慢。你去找雪道也会花费不少时间，但是不要气馁，雪球一旦在有大量的湿雪的雪道上自行滚动，它就会靠着自身的惯性推进，慢慢变成半人高，很快又变成一人高，直到变成一个"巨无霸"。

很多资深投资人都懂得"滚雪球"的道理，世界著名的投资者"股神"巴菲特曾这样总结自己的成功秘诀："人生就像滚雪球，重要的是发现很湿的雪和很长的坡。"的确如此，把小雪球放在长长的雪坡上，一旦获得了起始的优势，它就会越滚越大，优势会越来越明显。巴菲特的人生就是一个"滚雪球"的过程，他的资产在前期增长缓慢，但在后期增长得越来越快。在巴菲特的巨额财富中，99%的财富都是在他50岁之后获得的。

以下是巴菲特在各个年龄段拥有的财富数据：20岁时，有10万美元；30岁时，成为百万富翁；39岁时，个人净资产为2 500万美元；43岁时，个人净资产达到了3 400万美元。这一年，他所在的伯克希尔·哈撒韦公司花了2 500万美元买下了著名的喜诗糖果公司；50岁时，成为亿万富翁；60岁时，成为百亿富翁；在66至72岁的6年内，巴菲特的净资产又翻倍增长，达到357亿美元。巴菲特于2008年成为世界首富，此时的巴菲特打算将自己的财富用于慈善事业；2015年，85岁的巴菲特的净资产为670亿美元；2018年，巴菲特的资产超过1 000亿美元，这时，他已经88岁，但似乎还没有要停下来的意思，还在继续"滚雪球"，因为他曾说过他希望能够长寿，这样才能把雪球滚得更大。

我们可以看出，巴菲特在年轻的时候其财富变动并不大，但是随着年龄的增长，财富的增长速度就越来越快，尤其在他50岁至60岁的阶段，他的财富实现了成百倍的增长，60岁时他的财富竟然是20岁时的10万倍，这就是滚雪球效应。巴菲特在美国经济快速发展的这条"雪道上"，滚出了他的"巨无霸雪球"。

我们再来看一看把"雪球理论"用在投资领域所创造的奇迹吧。腾讯公司是一家知名的上市公司，于2004年6月16日在中国香港上市，当天的收盘价为每股4.15港元，历史最低价为每股3.375港元。腾讯公司在上市后的14年时间里，公司的股价一路飙升，2018年1月29日，后复权价格创历史新高，为每股2 403.04港元，是上市当天收盘价格的579倍。公司创始人马化腾也借此升至2018年度"福布斯富豪榜"的第17位。

如果有人在2004年，即腾讯公司的股价在每股3元至4元徘徊的时候就花10万元购入腾讯股票并一直持有到2018年，即便他什么都不做，也将收获大约6 000万元。这份收益足以让一个人获得财务自由了。那么，让我们来看一看在这14年里谁坚持持有股份，让"雪球"变成了"巨无霸"？

首先，让我们来看一看马化腾和他的创始人团队，这个团队的成员包括许晨晔、陈一丹等人。陈一丹曾向南京大学和若干教育机构捐款，目前累计捐款25亿元。除了5位创始人之外，腾讯公司的员工也可以持股。员工股权激励机制不仅是公司管理的重要方式，在一定程度上还反映了公司老板的态度和胸怀。腾讯公司在2009年至2011年也给员工发过两轮股权奖励，有多名员工受惠。2009年至2011年，腾讯公司股价后复权价格在40元至200元之间波动，如果持有股权的员工坚持持股到2018年，他们将获得12至60倍的收益，员工持股的份额一般不会很多，即使这样，他们也会获得上百万元的收益。可惜的是，一些持股员工在股价翻倍后就坐不住了，纷纷减持。

我的一位朋友在腾讯也有员工股权，当股价翻了一倍时他还能坚持持有，等到股价翻了两倍时他就售出了股票，套现了上百万元的现金，将其投入了环保领域开始创业。由于他缺乏经验，创业并不是很顺利（起始资金很快被用完，市场却没有得到有效拓展），最后他不得不关闭了公司。而腾讯公司的股票价格，在他创业的两年里又翻倍了，后来他拿着剩余的为数不多的钱，在高位上再次购买了腾讯的股票，真是得不偿失。

除了腾讯公司内部的创业者和员工以外，有些投资行业的知名人士也曾经持有腾讯公司股票这个"雪球"，但是他们选择了一条很短的雪道。

1999 年，盈科拓展集团主席李泽楷通过电讯盈科投入 220 万美元，持有腾讯公司 20% 的股权。但是，时隔不到两年，李泽楷就将腾讯股权以 1 260 万美元的价格卖给了南非的 MIH 控股集团，获利超 5 倍，在当时看已经是获利颇丰。如今，腾讯公司是市值 30 000 亿港元的"庞然大物"。通过计算可知，即便"摊薄"，电讯盈科当年卖出的腾讯公司的股票，如今其市值也超过 3 000 亿港元。而电讯盈科目前其自身的总市值只有 338 亿港元。李泽楷最终错失了拥有千亿身家的机会，也失去了超越其父"亚洲超人"李嘉诚的机会。

著名风险投资公司 IDG 也曾投资过腾讯公司。当时，这家公司投资了几百万美元，后来以 5 000 万美元出清。若当年

IDG 坚持投资腾讯公司，其收益差不多是 IDG 迄今为止所赚的钱的总和。

大家可以试想一下，如果你持有腾讯控股这个"雪球"，你会不会一直在雪道上滚下去呢？还是滚到一半就把它拱手让给别人了呢？只有坚持不懈地在正确的雪道上滚雪球，才会收获一个"巨无霸"。

用 24 美元买下曼哈顿岛，赚了还是亏了

大家是否听说过"用 24 美元买下曼哈顿岛"的故事？有人说这是人类历史上最划算的一笔买卖，然而，到底是赚了还是亏了？我们还得仔细算账。

1626 年 5 月 24 日，荷属美洲新尼德兰省总督彼得·米钮伊特为了建立一个新荷兰，用了 60 荷兰盾的货物从印第安人手中买下了曼哈顿岛，并取名为"新阿姆斯特丹"，岛上居民约 300 人。后来，英国人把荷兰人驱赶出去，新阿姆斯特丹改名为"纽约"。现在，纽约是全球著名的城市之一。19 世纪

的美国历史学家按金本位标准把60荷兰盾换算成24美元。是的，你没有看错，就是24美元，考虑到购买力和通货膨胀因素，大约折合今天的1 000多美元。

截至2018年，时间已过去了392年，曼哈顿现在是美国纽约市5个行政区之中人口最稠密的地方，被誉为整个美国的经济、文化中心，是纽约市中央商务区所在地，是世界上摩天大楼最集中的地区，也是联合国总部的所在地。曼哈顿的华尔街是世界上最重要的金融中心，有纽约证券交易所和纳斯达克股票交易市场。曼哈顿还拥有大量的优质高中和大学，其中包括世界排名前50位的知名学府，如哥伦比亚大学、纽约大学，以及洛克菲勒大学。曼哈顿的房地产市场也是极为繁荣的。

现在，曼哈顿岛的商业价值已经达到了2.5万亿美元，是当时24美元的千亿倍。所以，很多人认为，这个荷兰总督用24美元买下曼哈顿岛，是人类历史上最赚钱的一笔买卖，但是，从另外一个角度来看，却未必是这样。在过去的近70年里，如果你投资美国的股市，它的平均收益率是11%，看上去不高，但是，假设在1626年，这个荷兰总督同样花24美元进行投资，在其后的 300 多年中，每年保持 11% 的收益率，到今天，这批投资的回报是 200 万亿美元以上，大约是现在曼哈顿岛价值的 100 倍。也就是说，这个荷兰总督买下曼哈顿岛还是亏了，如果他拿 24 美元去做生意，或者投资美国股市（当然，这只是假设），只要保证每年的收益率是 11%，300 多年后，他的收益将远远高于曼哈顿岛现在的价值。这真是一件神奇的事情。

大家一定惊诧于这个数字，有些人还会对计算结果产生怀疑。这是一个巨大到让人难以想象的"大雪球"。我们把这 300 年缩短到 5 年、10 年、20 年，看一下 10 000 元本金在 10% 和 20% 的投资回报率下，其收益分别是多少（见表 4-1）。

表 4-1　在 10% 与 20% 的投资回报率下，10 000 元本金于不同时间段的收益

投资回报率 （%）	1 年收益 （元）	5 年收益 （元）	10 年收益 （元）	20 年收益 （元）
10%	11 000	16 105	25 937	67 275
20%	12 000	24 883	61 917	383 376

注：计算结果保留整数

从上表可以看出，把 10 000 元用以投资，如果每年增长 10%，10 年后资产将变成 25 937 元，20 年后资产将变成 67 275 元；而如果每年增长 20%，10 年后资产将变成 61 917 元，20 年后资产将变成 383 376 元。显然，年份越长，雪球就会滚得越大；增长率越高、雪越多，雪球也会滚得越快、越大。

年份长（雪道长）和增长率高（雪量多）是雪球滚大的两个决定性因素

但如果选错雪道，增长率为负，财产将很快损失掉。荷兰人用 60 荷兰盾的货物购买了曼哈顿岛，如果当时他把这些货物换成了斧头、铁刀、丝绸、珠链、铝盆等物品，又会如何呢？随着科技越来越发达，铝盆、丝绸等物品的生产成本会越来越低，也就是说这些物品将越来越容易获得，越来越不值钱，即其价值的增长率为负数。收藏这些物品就相当于将一个雪球在一条只会吸收雪的雪道上滚动，用不了多久，雪球就没有了。

30 年前，手提电话刚刚面市时其价格非常高。我们会在一些老电影里看到，当时的手提电话像砖头一样大，不方便携带，只有大老板才会买，所以又被称作"大哥大"。当时一部"大哥大"的价格是 2 万元左右，而北京四环内的商品房的价格才每平方米 1 000 元左右。也就是说，用买一个"大哥大"的钱就可以在北京四环内买一套 20 平方米的房子。现在 20 年过去了，大家用的手提电话已经变成又小又轻还可以上网的智能手机，"大哥大"已经消失，而北京四环内的房子的平均价格却翻了几十倍。当时如果用购买大哥大的钱购买了房子（假设是全款支付），到现在房价已升值几十倍甚至上百倍。所以，再回过头来看，30 年前，如果你有 2 万元资金，你会购买"大哥大"还是北京四环内的房子呢？如果对未来的趋势有正确的预判，我想你会毫不犹豫地选择后者。

　　你也许不相信，在正确的雪道上如此轻松地滚雪球就可以滚出这么大的收益来。大多数人在雪球还很小的时候往往没有耐心。有的人在第一年看到只有 10% 的收益，会觉得区区 10% 的收益太少了，要等很多年资产才可以翻倍。他会失去耐心，把资产投入一些他认为会产生巨大收益的行业中，希望一年后资产就能翻倍，甚至翻很多倍。但是，不符合经济规律的投资活动大多以失败告终。

在初期雪球的增大是比较缓慢的，雪球加倍增大的效应要等到后期才能慢慢凸显出来。前文中，我们提到的巴菲特，他的大部分资产都是在其 50 岁以后赚得的，之前的资本积累也是比较慢的。其实不用多，只要每年保持稳定的增长，结果就会相当好。如果我们现在拿出 10 万元进行投资，假设每年的收益率为 10%，等 40 年后，我们将获得 453 万元的收入，这个数字是十分惊人的。

财商小课堂

问：怎样才能把手中的小雪球滚大？

答：让我们时刻提醒自己，要相信滚雪球的力量，首先要找一条很长的雪道，雪道上要有足够多的湿雪，然后我们就可以开始滚雪球了。一开始，雪球是很小的，后面会越滚越大，最后会大到让我们无法想象。让我们多一点耐心，慢慢地等着"利滚利"，最终收获满满的财富。

高财商
轻松实现财务自由的思考力和行动力

神奇的复利

"滚雪球"有一个经济学上的专业术语,那就是"复利"。复利,是一种计算利息的方法。按照这种方法推算,新得到的利息同样可以生息,因此复利俗称为"利滚利"或"利叠利"。计算利息的周期越密,财富增长就会越快;年期越长,复利效应也就越明显。

复利计算的特点是:把上期末的本金与利息之和作为下一期的本金,在计算时,每一期本金的数额都是不同的。

复利的威力,我们在前文中已经有所了解。巴菲特用起始资金 10 万美金(P)靠着平均年复合增长率 19.1%(i)收获他的雪球。资产滚动了 60 年(n)以后,变成了 1 000 亿美元(F)。我们再用复利公式计算腾讯控股(00700)的股票价格:P 是上市当天的价格即 4.15 港元,n 是上市了 14 年,我们把 F 定为 2018 年 1 月 29 日创出历史新高时的价格即 2 403.04 港元。这里的 i 不是固定值,因为股价每年都有波动,但是可以肯定的是,每年 i 是正向增长的,并且增长幅度很大。我们再看看曼哈顿岛300多年来的价值变化情况。24美元是期初价格 P，从1626年截至2018年，共计392年，即为计息期数 n，曼哈顿岛的当前价值2.5万亿美元是终值 F。在这里 i 仍然不是固定的，但有一点可以确定，即 i 一定没有11%这么多，因为之前我们论述过，如果 i 高达11%，经过392年其收益将为200万亿美元以上，这大约是曼哈顿岛如今价值的100倍。

在投资理财中可以用到复利理论。投资既可以指资金投资，也可以指自我投资、实现自我提升。关于资金方面的投资，我们将在后面的章节中具体讲解。现在，我们从复利的角度探讨一下自我投资。

在一年的365天（n）里，我们每天努力（增长）0.01（i）和每天懈怠（降低）0.01（i）都分别会有什么样的结果？

$$1 \times (1+0.01)^{365} \approx 37.78$$

$$1 \times (1-0.01)^{365} \approx 0.03$$

大家可以看到，初值是1（P），如果每天增长0.01（i），过了365（n）天得出的结果约为37.78；而如果每天减少0.01（i），过了365（n）天，得出的结果约为0.03。由此可以得出，我们在学习和工作中，如果每天进步一点点，一年后，收获的将是37.78倍的成绩。但如果我们每天少做一点，也就是说对自己的投资为负，哪怕只是一个百分点，一年后，成果几乎为零。可见，学习和工作的过程也是复利积累的过程，积少成多，不进则退。

比如，你刚刚参加工作，一个月的薪水是5 000元，5年之后，你通过学习，掌握技能，获取机会，你的月薪就有可能达到2万元，继续努力下去，年薪达到百万元也不是没有可能。这种增长是在时间的催化下，随着知识的不断累积、技能不断提升、阅历不断丰富、复利累积而产生的。

人生有许多事情是需要积累的，无论是知识、阅历、还是工作经验。万事开头难，在刚开始工作的几年中，你会觉得有些慢，但是到了后来，随着复利的累积，你会觉得越来越顺利。

马太效应是社会学家和经济学家常用的术语，它说明了强者愈强、弱者愈弱的现象。一个人只要努力，让自己变强，就会在变强的过程中受到鼓舞，从而越来越强。如果态度积极，那么你就有可能获得精神或物质的财富，获得财富后你的成绩会激励你再进一步，如此实现良性循环。在金融投资方面也是如此：在收益率相同的情况下，本金越多则收益越多。马太效应也从一个侧面很好地解释了复利。所以无论是在生活中，还是在金融投资领域，我们都不能局限于现有的局面，不要满足于现状，要通过复利积累，增加收入，以此形成一个良性的循环。

大家可以试一下，在未来的 10 年中，踏踏实实地滚工作的"雪球"，享受复利带来的奇迹。

接下来，我想给大家讲一个"棋盘上的米粒"的故事。

一位国王厌倦了自己至高无上的权力和难以计数的财富。一天，一位老人将他发明的国际象棋献给了国王。国王十分感谢这位老人，于是问他想得到什么奖赏。这位老人想了一会儿提出："我想请您赏给我一些米。请您把 1 粒米放在棋盘的第 1 格里，2 粒米放在第 2 格，4 粒米放在第 3 格，8 粒米放在第 4 格，依次类推，每个方格中的米粒数量都应该是之前方格中米粒数量的 2 倍。不过恐怕您的库房里没有这么多米。"

国王欣然应允，还诧异于老人的最后一句话。但是细细计算后，他却大吃一惊。若按老人的要求，将米粒放满棋盘上的64个格，居然是18 446 744 073 709 551 615粒米，1公斤大米约有米粒4万个，一亿粒米大概是2.5吨，那么应给老人的赏赐约为460亿吨米，这个庞大的数量，国王根本无法兑现。

上面故事中的结果是不是很惊人呢？请相信复利，相信奇迹吧！

如何选择适合自己的雪道，轻松滚雪球

很多人在报考大学、选择专业时，出于对毕业后就业环境的考虑，会选择一些热门专业，这些专业往往是好找工作的专业。有的家长甚至会把孩子专注于自己的爱好看作"玩物丧志"，只想让孩子努力考取高分，进入最好的大学，学习最热门的专业。

如果不考虑经济因素，你会选择做什么样的工作？相信很多人会选择把自己的爱好当成工作，比如当画家、歌唱家、戏

剧家、演员、厨师。其实你最愿意做的那件事，才有可能是你的天赋所在。有的人会说，我很喜欢画画，但就算是从顶级美术学院毕业的专业学生，到最后又有几个会成为真正的画家？很多人后来转行去做了家装设计；还有的人会说，我喜欢唱歌，可是难道我现在要辞了工作去唱歌吗？世界上有那么多歌手，又有几个被大众熟识呢？有些无名的歌手没有稳定的收入、生活窘迫，我将怎样生活呢？在这里，我想给大家讲讲下面的一个案例。

最近，美国太空探索技术公司（SpaceX）宣布，日本亿万富翁、企业家前泽友作将成为首位乘坐"大猎鹰"火箭飞船绕月飞行的乘客。也就是说，前泽友作买下了一趟环月之旅。虽然他没有公布这次环月旅行的价格，但是媒体估计他大概会花费 2 亿美元。

前泽友作非常热爱音乐，不喜欢循规蹈矩。小时候，他曾梦想成为一名摇滚乐手，正是音乐帮助他拿到了"第一桶金"。高中时，前泽友作就和朋友们一起组建了乐队，他担任鼓手。高中还没毕业他就退学了，拿着自己打工的积蓄，跑到美国游学。在美国的那段经历，使前泽友作的思维更加活跃。可以说，前泽友作最初的生意是从"代购"做起的。20世纪90年代末，他回到日本后，开始销售外国歌手专辑和CD唱片，这让他赚到了人生的"第一桶金"。2001年，或许他感觉到互联网浪潮将至，前泽友作决定终止乐队活动，投身于互联网行业。他去秋叶原购买了有关网站搭建的书，通过自学，编写并创建了一个电子商务网站，这就是如今日本最大的在线潮流购物网站ZOZOTOWN的原型。日本是一个电商发达的国家，是多重流行文化的发源地，潮流文化尤其受到广大年轻人的追捧。这样的土壤孕育了ZOZOTOWN的成功。即便在今天，ZOZOTOWN在日本也是同类时尚电商平台中数一数二的，目前它拥有340万订阅户，旗下拥有1 500多个品牌。截至2017年3月，前泽友作的个人总资产达到3 330亿日元，位居世界富豪榜第630位、日本富豪榜第14位。

这位狂热的艺术爱好者还曾经分别花费5 700万美元和1.1亿美元拍下了美国艺术家巴斯奎特的两幅作品。这次旅行他也将带领一众艺术家一起去。他曾说："钱越花越多，花钱能得到意想不到的东西，体验到很多事情，遇到很多人，而这些将成为自我成长的食粮，最终也会让我挣到更多的钱。"

有一种观点认为，为自己的兴趣花费过多的时间和金钱是玩物丧志，但是，这位热爱艺术的企业家的人生经历却有力地反驳了这种论调。其实，爱好和事业是不矛盾的，是可以统一的、相辅相成的，为自己的爱好投资就有可能得到意想不到的东西，体验到很多事情，遇到很多人，而这些人和事将成为自我成长的食粮，于是你就有机会挣到更多的钱。热爱能驱动商业价值，从而使你得到更多的收益。

也许我们从小会被灌输一些观念，比如，学习是正事，只要做和上学没有关系、占用了学习时间的事情都是玩物丧志。很多家长认为只有高考才能够改变命运，孩子必须考名牌大学最热门的专业，完全不顾孩子的喜好，也不考虑孩子的潜力。孩子们长大后会按照家长所期望的那样，选择一个大多数人都认为"好"的工作去做。如果一个人做了自己不喜欢的事情，违背了自己的本心，每天都硬着头皮上班，工作缺乏积极性，工作效率自然不会高。

每个人所擅长之事不尽相同，有的人擅长逻辑思维，天生就喜欢解数学题，做起奥数题来轻而易举，甚至将此当成乐趣；有的人喜欢诗词歌赋，天生擅长写作，写起文章来如行云流水，能吸引很多读者；还有的人天生对投资理财非常敏感，对经济周期和世界经济动态自觉关注，他们的财务状况普遍良好。但是我们并不要求每个人都是这样，世界是多样化的，人更是多种多样。强迫一个人做他不擅长和不喜欢的事情就像让一条鱼去爬树，或者让飞鸟去游泳，既不尊重生命体自身的条件和意愿，也不能让其优势得以发挥。行行出状元，各行各业都有卓越和优秀的人在为社会提供价值，只有遵从自己的内心，做起事来才能轻松不费力，从而获得成功。

做到以下三点，你就能找到适合自己的雪道轻松滚雪球。

- **去除焦虑，放松心态，当前热门的不一定就是适合自己的**

世界上有很多有趣的职业供我们选择，比如运动员、服装设计师、厨师、建筑师、工程师等。而且在节奏加快、科技发达的当今社会，我们在一生中可以选择多个职业。人生有无数种可能，不要禁锢在一种限制性的思维当中。

- **探索内心的喜好和自己擅长的方向，和大趋势结合起来**

  多尝试一些领域，找到自己喜欢的事情，并且和大趋势结合起来。事实证明，内心充满激情和喜悦，会激发出自己最大的潜能。将爱好和行业的大趋势结合起来，有可能创造出更多的财富。比如利用互联网高速发展的大趋势，热爱旅游的朋友成了旅游博主，为大众介绍世界美景、提供旅游攻略，他们也有了百万粉丝和大量的广告收入；爱美的姑娘变身美妆达人，在电商平台亲自示范化妆，教粉丝如何变得更美，她们推销的化妆品的销售额也十分可观；网络游戏玩家成为电竞选手，高额奖金赚到"盆满钵满"，轻松实现了财务自由。

- **放松心情，利用神奇的复利力量，在自己的雪道上坚持下去**

  世界很奇妙，人往往越不计较得失成败，持平和的心态，抱着单纯的想法坚持做自己喜欢做的事，收获的反而会越多。所以请放松心情，做自己喜欢的事情，在自己的雪道上坚持下去，享受人生。请相信，热爱和激情可以产生商机，也有可能让你轻松实现财务自由。

财商小课堂

问：哪一条才是真正属于我的雪道？

答：我们要突破思维的局限性，全身心投入到自己真正喜欢的工作上去。这就是适合你的雪道，热爱和激情可以产生机会。把你的工作和大趋势结合起来，你一定可以在自己的雪道上收获巨大的雪球。

如何利用复利把手中的雪球滚大

在我们了解了雪道和雪球，以及复利的概念以后，接下来我们要做的就是运用复利理论，把自己的雪球滚大。当一个年轻人刚刚毕业进入社会时，工资也许不会很高，扣除生活花费以后，所剩下的钱就不多了。这个时候除了把这些钱用来储蓄、买股票、买基金外，还可以做些什么投资呢？在我们进入

第 5 章之前，我们先看看在工作和生活中应该如何利用复利理论把自己的雪球滚大。

我们在复利理论章节中说过，在一年的时间里，每天努力（增长）0.01 和每天懈怠（降低）0.01 分别会有什么样的结果。可见，每天多做一点和少做一点所形成的差距是惊人的。学习和工作的过程都是一个复利积累的过程，积少成多，不进则退。我们在工作和生活中一定要让复利正向累积。

利用复利滚认知的雪球

对这个世界的认知，决定了人们的视野，决定了人们的格局，也决定了人们对事物的判断以及由此产生的想法和行为。正确的认知，可以使我们的人生一帆风顺，而错误的认知则会让我们事倍功半，处处碰壁。

前文中的很多案例都充分说明了认知的确会对我们的人生产生重大的影响——大到对方向的把握，小到对具体事件的处理。提高认知的方法有许多，例如多读书或者通过媒体获取广泛的知识，参加一些有效社交，和专业人士交流获取新的观点；进行社会实践活动，体验各行各业的不同工作，了解不同层次的人们的想法；经常旅游，了解不同的风土人情、不同的生活方式，等等。

很多人在大学毕业后就不再学习了。的确，当我们离开学校之后，缺少一些促使我们学习的因素，但这样就容易慢慢形成认知缺陷。我们要时刻提醒自己复利的神奇效果，要多想想 1.01 的 365 次方和 0.99 的 365 次方会给自己的生活带来什么样的影响。

拿读书来说，我们从读 1 本到读 5 本、50 本、500 本书，逐渐就能读懂世界。另一方面，要通过持续的、不停歇的实践活动，提升自己的能力。这样我们就能收获认知的雪球。

利用复利滚专业技能的雪球

每个想成功的人都要具备专业技能，专业是一个人的优势与核心竞争力。巴菲特的专业技能是股票投资，马化腾的专业技能是软件开发，专业技能是我们进入社会工作、安身立命之本。

专业技能的获得不是一蹴而就的。我们读完大学，有些人可能还要再读硕士、博士，花费更长的时间才能学到专业知识，研究好自己的专业。打牢基础才能获得扎实的专业知识，摩天大楼平地起，地基必须打得很深才行。

俗话说："台上一分钟，台下十年功。"在专业知识的获得上有一个"10 000 小时定律"：当你在某个领域持续投入 10 000 小时的时间，你就可以成为这方面的顶尖专家。按每天投入 3 小时计算，大约需要 10 年才能完成这 10 000 小时的积累！另外，如果不讲究技巧，时间就被浪费了。我们还需要刻意练习，专门针对某一方面进行提升。只有扩大自己的舒适区，突破瓶颈，才能不断进步，把专业技能的雪球越滚越大。

利用复利滚行业的雪球

当正式开始滚雪球时要注意几点。首先，起步要高，也就是 P 值要大。相同的专业，通常一个研究生获得的职位要比本科生的高，这也是为什么那么多人要考研的原因。其次，要找对行业。在一个衰退的、增长率为负的行业，和在一个正处于上升中的、增长率很高的行业，其发展前景是不能同日而语的。举个例子，DVD 行业和人工智能行业，一个逐渐衰退，一个如日中天，如果以同样的起点和同样的努力程度，你在哪个行业中奋斗更容易成功呢？不出意外的话应该是后者。最后，在满足以上两个条件以后，要把 n 值变大，也就是要逐步累积从业时间。在上升的行业当中找到一个有发展前途的企业，做得越久，就越有机会成功。还有一点值得注意，当我们确定了行业以后，一定要坚持，不要轻易"跳槽"，换行业或换工作就像换了雪道，之前的积累会大打折扣，尤其是换行业等于重新滚一个雪球，行业的经验又要重新积累。

长此以往，坚持下去，你一定会成为你所在行业的专家，而随着行业的发展、企业的发展，你就会实现自我成长，走上人生巅峰。

利用复利滚健康的雪球

身体是革命的本钱，行动的前提条件是要有良好的体魄。一个人要想做成一件事，必须具备多方面的素质，但所有这些都要依托于一个前提条件——健康的身体。

人生不是百米赛跑，而是一场马拉松。在比赛中，除了要拼智力、拼能力、拼资源，更重要的还要拼身体、拼耐力。如果事业做成了，投资取得了很好的回报，但是身体却垮了，对个人来说将是很大的遗憾，这也会对公司和家人造成很大的伤害。在企业家中不乏"过劳死"的人，曾经有一位企业家，是互联网医疗健康的创始人，他创办公司是为了让更多人身体健康，而他自己却没有管理好自己的健康，40多岁就因病离世，让人唏嘘。依照复利理论，"滚雪球"是需要很长的"雪道"的。88岁的巴菲特把自己的身体健康管理得很好，他知道只有活得更长，才可以享受更大的复利。

获取健康的雪球有许多途径，我们可以多参加体育运动。运动是保证高效工作的前提，运动的复利效应在短时间内是看不出来的，当你不断地坚持运动，你会发现：你的整体状态很好，你会精神饱满、斗志昂扬、神采奕奕。因为状态好，才更容易投入工作，做事效率也会更高。你可能很少生病，这也节省了大量的时间和金钱，更提升了生活质量。所以，运动的复利效应是巨大的。

同时，我们既要保持身体健康，也要注意自己的心理健康，端正对财富的态度，多关注自己内心的真实感受，用积极心态来化解工作中的压力。坚持以上做法我们就可以收获复利带来的雪球。

Chapter Five

第　　　5　　　章

了解时代趋势和各行业的机会

· · · ·

重要的是不要停止提问，好奇心有其存在的
理由。

——阿尔伯特·爱因斯坦

· · · ·

我们所处的时代以及可能抓住的机遇

著名经济学家任泽平指出，2016 年至 2018 年中国经济呈现"L 形"走势，短期有波动。2018 年下半年到 2019 上半年，中国经济会第二次筑底，我们正站在新周期的起点上。

从数据上看，2018 年，美国的 GDP 大约是 19 万亿美元，占全球 GDP 总量的 24%；中国的 GDP 大约是 12 万亿美元，占全球 GDP 总量的 15%；中美 GDP 总量约占全球 GDP 总量的 40%。排在第三位的是日本，其 GDP 约占全球 GDP 总量的 5%。更重要的是，中国经济还在以每年不低于 6% 的速度增长。未来 10 年，中国仍将是对全球经济贡献最大的国家，在中国将涌现出很多机会。

我们要牢牢把握住这个时机，我们在中国都找不到机会，在哪里还能找到机会？另外，我们还要抓住经济周期大趋势来做投资。根据康波周期理论和经济学家的判断，2019 年中国经济将触底并开始上升。当经济周期处于上升期时，我们必须考虑哪些高速发展的行业会给人类未来的生活带来较大的变革，产生深远的影响；哪些行业会因为科学技术的进步和发展而逐渐被淘汰，从而努力在大的风口抓住上升的行业，立于时代发展的前沿。

在本章中，我们将围绕关系国计民生的房地产行业、与老百姓的生活息息相关的股市、正在高速发展的人工智能行业，以及正在崛起的单身经济等几个方面，阐述时代的趋势和我们将面临的机会。

房地产市场发生趋势性变化后，在哪里寻找机会

近 20 年来，我国各大城市的房价一路上涨，这种现象在一线城市更为突出。以北京二环内的房子为例，1999 年，西城区的一个小区的房价大约是每平方米 3 000 元，而在 2019 年，同样地段的房价却高达每平方米 12 万元，约是 1999 年房价的 40 倍。人口红利和农村人口城镇化是房地产行业迅速发展的重要原因。房地产行业的发展关乎国计民生。另外，在中国人的传统观念中，上学、工作、落户、结婚、生孩子都和房子息息相关，房子是必需品，对没有房子的人来说更是"刚需"。近 20 年来，国家多次出台房地产调控政策，宏观调控是为了挤出房地产市场的"泡沫"，使其发展得更加稳健。然而，面对当前房地产市场的波动，一些朋友心中充满焦虑："到底该买房还是租房？""我是刚性需求者，现在可以买房

吗？买哪里的房好？""我是不是该卖房？房地产是否还有投资价值？"本节将逐一解答这些问题。

到底该买房住还是租房住

"房子是用来住的，而不是用来炒的。"如果你在两三年内要换工作地点、换居住城市，那么租房是比较好的选择。当我们有了一定的积蓄，而恰好又处于"租房绰绰有余，买房有点费力"的尴尬阶段时，我们该如何选择呢？如果单算经济账，你交 30 年的租金，房子仍是别人的；你交 30 年的按揭贷款，将拥有一套自己的房子。当两者的金额相等或接近时，相信绝大多数人的选择是后者。而且，如果我们所购房子的产权是 70 年，在交完 30 年的按揭贷款后，我们还可以多拿到 40 年的产权。况且我们若选择出售，在房屋不贬值的情况下，这 30 年里还会有溢价。这是一笔很清晰的账。

我是刚性需求者，现在是买房的时机吗

2018 年至 2019 年国内房价的确有所波动，但如果你是刚

性需求者，比如你因为结婚或者孩子上学，有购入房产的迫切需求，那么就不要考虑短期价格的波动，毕竟自住的价值有时无法简单衡量，住到了就是享受到了。

买哪里的房子可以升值

房子是用来住的，但是如果 10 年后别人的房子的价格翻了几倍，而你的房子的价格还在"原地不动"，甚至出现了下跌，这可能会让你感到郁闷。买哪里的房子可以升值？因这个问题涉及的个体情况比较复杂，我在此简单罗列几个要点。

1. 考察你想购买的房产所在地区在未来几年内是否有大的规划。比如，北京市通州区正式升级为北京市行政副中心，这必将带动周边房产升值。

2. 考察你想购买的房产周边未来是否有大量人口流入。我国城市化的进程还没有完成，大量的农村人口还在继续涌入城市，他们首选的应该是有丰富的教育、文化资源，有医疗配套设施并能提供大量就业机会的一线城市（如北京、上海、广州、深圳等）。另外，各大省会城市（如杭州、南京、成都等）也是人口涌入的重点城市。还有一些新兴的城市也会有大量人口流入（如新建的国际机场旁和有大学城的城市）。这些城市大多在一线城市附近，到达一线城市非常便利，其房产也具有很大的升值潜力。

3. 考察你想购买的房产周边有没有不可替代的教育资源。在北京市海淀区有几十所国内一流的大学，如清华大学、北京大学、中国人民大学等。这些学校是许多考生向往的地方，家长为了实现孩子的理想不惜花重金在学校周围买房，海淀区的房价也因此居高不下。但这类房子的特点在于保值性，而非增值性。

4. 考察房产所处的地区是否有独特的资源。例如，美国加利福尼亚州洛杉矶市气候宜人、阳光充足，许多著名的电影公司设立于此，这里的房价几乎是全美最高的。美国旧金山市曾因有金矿而吸引了大量淘金者前来，城市人口因此增多，旧金山市也因此得到开发和发展。旧金山市南部的硅谷，则是高科技公司云集的地区。因此，旧金山和硅谷附近的房价都高得惊人。

高财商
轻松实现财务自由的思考力和行动力

房地产是否还有投资价值？我是不是该卖房？房子还可以带来什么

房地产业与宏观经济关系密切。过去 20 年，房地产行业为我国城市化建设和满足人们居住需求做出了巨大贡献。房地产行业产业链较长，对 GDP 的拉动效果明显。如果房价暴跌，房地产崩盘将对银行系统造成很大冲击，并连带其他产业一起下行，影响经济的增长。

从国家十几年来的调控政策中我们可以看到，调控是为了控制房价上涨过快而产生房地产价格泡沫和降低金融风险，而不是为了一味打压房价让房地产崩盘。调控后房价会回归其真正的市场价值。所以，如果出于对房产价值的担忧而考虑卖房，是完全没有必要的。但是在未来，房地产的投资属性将被逐步弱化，以投机性炒房为目的而购买多套住房的行为将受到打击和限制。

对于普通人而言，我们一生的大部分收入可能都会花在买房或者租房上。买房能满足我们更多的心理需求，给人带来安全感。近年来，都市女性购房率大幅增长，而且大部分女性都是凭自己的能力购买，她们希望有房子安顿下来，获得更多的安全感，从而更专心地工作。房子在一定程度上缓解了人们的焦虑。

问：怎样在租房和买房上做出适合自己的选择？

答："房住不炒"，有刚需的人在买房时选择有升值潜力的房子是很重要的，购买房产的地点要选择未来有大量人口涌入的城市，这些城市往往有着丰富的教育、文化资源，或者气候宜人，或者未来有重大城市规划。如果你觉得把买房的钱用来创业或者投资在其他领域的收益会胜过投资房地产，可以选择先租房。

"懒人"股市投资法

什么是股票

股票是股份公司发行的所有权凭证，是股份公司为筹集资金而发行给各个股东作为持股凭证并借以取得股息和红利的一种有价证券。每只股票都代表股东对企业拥有一个基本单位的所有权，每家上市公司都会发行股票。

中美股市的差距及原因

在前面的章节里我们说过，巴菲特通过持有股票享受复利而成为世界首富。美国在这 10 年里经历了一波牛市，纳斯达克指数从 2008 年的约 2 000 点一路飙升到 2018 年 8 月 30 日的 8 133 点。道琼斯工业指数也从 2009 年 3 月 6 日的 6 469 点涨到了 2018 年 9 月 21 日的 26 656.98 点，创下了历史新高。纳斯达克指数和道琼斯指数都上涨了 4 倍以上。

相比繁荣的美国股市，在过去的 10 年中，我国股市的上证指数却从 2017 年 10 月 16 日的 6 124 点跌落到 2018 年 9 月 18 日的 2 644 点，虽然在 2015 年上证指数也曾涨到 5 178 点，有过短暂的牛市，但在中国股市获利的投资者却并不多。

美国股市何以繁荣

第一，美国股市自 1811 年开始运营，已经有 200 多年的历史了。而我国证券市场的发展时间较短，从 1990 年上海证券交易所开业算起，才不过有短短 20 多年的历史。

　　第二，我们的监管体制目前还处于逐渐健全的过程中，上市公司的质量良莠不齐，没有完善的退市制度。部分上市公司出现了造假、投机甚至诈骗行为，侵害了广大股民的利益。有些公司不给股民分红，导致很多股民不选择价值投资，而更偏向短期投机、追涨杀跌。而美国的股市有着严格的监管和分红制度，分红是上市公司必须履行的义务和责任，按照美国股市的退市制度，业绩不良的公司无法在市场上存活。对比中美退市股票数量，在过去 5 年中，美股平均每年退市约 300 家，退市率为 6.3%；A 股平均每年退市只有 5 家，退市率为 0.3%。中国的 A 股退市制度中有对盈利指标的考核，许多绩差股会通过各种会计手段影响利润，甚至不惜通过财务造假以保住自己的上市地位。因此，不完善的退市制度造成了 A 股市场的"鱼龙混杂"状况。

　　第三，美国公司总市值排在前列的都是科技类公司，例如苹果、亚马逊、微软、Facebook 等。而中国市值高的公司多为国企，绝大多数都属于传统企业（如中国工商银行、中国建设银行等），少有科技类公司上榜。而近年来，高科技企业的快速发展带动了国民经济的发展，促进了 GDP 的增长。在我国也诞生了一批优秀的科技类公司，但因为股市制度的原因，这些优质公司不断流入美国市场，比如阿里巴巴、腾讯、京东、百度等都选择了在美国上市，这些公司给美国市场带来了巨大的活力。

股票基金和股指基金——懒人投资的首选

股票基金由基金经理管理，基金经理根据市场波动和上市公司的业绩波动挑选股票组合进行买入和卖出，以此帮助基金持有人获得收益。如果投资者本人对股市不太了解而又能够信任专业人士，那么他就可以购买股票基金，让该基金的基金经理帮助他选股并进行管理。有的股票基金可以逆势跑赢大盘；而有的股票基金在牛市中也会下跌。比如华夏大盘（000011）是华夏基金公司于 2004 年 8 月 11 日成立的混合型基金，到 2019 年 5 月其累积净值已涨了 18 倍，而在这 15 年中，上证指数才翻了 1 倍多，这只基金跑赢了大盘，取得了非常好的成绩。

指数基金是以特定指数（如沪深 300 指数、标普 500 指数、纳斯达克 100 指数、日经 225 指数等）为标的指数，并以该指数的成份股为投资对象，通过购买该指数的全部或部分成份股构建投资组合，以追踪标的指数表现的基金产品。比如，购买上证综合指数基金就是指按照上证综合指数的构成和权重购买指数里的股票，相应地，上证综合指数基金的表现就会像上证综合指数一样波动。

如果你想投资股票基金或者股指基金，在相信大趋势上涨的情况下，你可以委托基金经理或者复制指数来做投资。这样省时省力，可以作为"懒人"投资的首选。

我国股票市场的发展趋势长期向好

在本章开头部分，我们坚定了最好的投资机会就在国内的信念。目前，A 股市场个股平均市盈率不高，可以说现在很多 A 股都很便宜。而且国家政策已经开始做出微调，货币政策转向结构性宽松，但又不是"大水漫灌"，还有积极的财政政策同时发力。

我们深信市场经济的理念已经在中国扎根，新一届中央领导集体展现了推动改革的勇气和决心。近几年，中央金融监管去杠杆的决心很大，由于金融监管的加强，做假账、大股东违规减持、机构操控、"老鼠仓"等现象得到了遏制。相信随着证券市场的进一步规范化，我国股市会成为一个稳健而有活力的资本市场，也会成为适合中小投资者的投资渠道。"股神"巴菲特近年来也对中国市场表现出很大的兴趣，声称伯克希尔·哈撒韦公司未来 15 年内会在中国市场做一些大的部署。

个人投资者如何在股市中寻找机会

● 观察经济周期找对低点

我们选择了相信中国股市的未来，同时我们也要紧密观察经济周期和金融政策，在经济回升和上涨的周期中，找到入市的低点。购买股票的时机很重要，好的时机一定是股票或基金的价格低于其价值的时候，简而言之，就是很便宜的时候。如果你的投资标的价格很高，请找一个相对低的位置进入，只有这样，才能在投资中获取超额利润。

- **关注股市制度的完善**

我们选对了投资股票进入的时机，但如果只拿出非常少的钱来投资，那么收获一定不会大。中国的股市正一步步走向健康、走向完善。相关的制度比如分红制度、注册制度、退市制度等正逐步完善，我们可以逐步加大仓位，投入越多，收获才会越大。

- **找到适合自己的方式**

作为一个投资者，如果你有时间、知识和意愿，那么你可以选择个人投资股票；如果没有条件，那么你可以考虑交易费较低的指数基金——指数基金跟踪指数走势，不需要投资者做大量分析工作。因此，在投入的时间成本和管理成本上，指数基金都明显优于常见的主动管理型基金。当然，我们也可以选择自己信任的基金公司，委托基金经理购买股票基金。

- **坚持持有，积累复利**

当我们判断经济周期和股市的大趋势向上后，我们就要买进股票或基金并坚持长期持有，不要因为短期市场的波动或者有少量的盈余就要"落袋为安"，只有通过多年复利的积累，我们才能收获大的雪球。

如果我们手里没有一大笔资金，那么可以尝试用每月工资的一部分进行定投。定投是指每个月或者每周以一定的金额买入看好的指数基金，不用自己去做择时操作。在所有的投资里会有高点、低点以及平常的价格，长期来看，这样会摊平你的成本，在一次上涨中获得足够的收益。

拥抱人工智能时代

什么是人工智能

人工智能是一门新的技术科学，其主要内容包括研究并开发用于模拟、延伸和扩展人的智能的理论、方法、技术及应用系统。人工智能具体表现为让计算机系统通过机器学习等方式，获得原本只能依靠人类的智慧才能完成的复杂指令的功能。

当前，人工智能技术发展得很快，对未来影响很大，这些技术支撑的产品已经扩展到很多领域，包括机器人、无人机、无人驾驶汽车、远程医疗等。人工智能可以了解人类的爱好，甚至会根据人类的情绪提出更适合的建议，在很多时候它们可以做出比人类更快、更有效的行动。借助大数据的支撑，未来人们将进行更多的自助服务，比如自助办理银行业务、自助交纳水电费、自助办理社保等。也就是说，会有机器人来为我们提供更加精准的服务。另外，由于无人驾驶技术的提高，驾驶员这个职业将被逐步淘汰；由于无人机的发展，传统快递行业将逐渐消亡。而机器人技术的发展，将淘汰工业生产流水线上的工作人员，工厂将更加智能化，工业生产将被生产效率更高的机器人代替，甚至还会出现机器人法官，服务于案件调查、官司的胜算评估及司法判决。

2017 年 5 月，在中国乌镇围棋峰会上，由谷歌旗下的 DeepMind 公司开发的人工智能机器人阿尔法狗（AlphaGo）与世界围棋冠军柯洁对战，并以"3 比 0"的总比分获胜。围棋界普遍认为阿尔法狗的技术水平已经超过人类职业围棋的顶尖水平。在股市中,会炒股的人工智能机器人也已经诞生,其打败了大部分基金经理,业绩遥遥领先。摩根大通开发了一款人工智能程序——金融合同解析软件。这款软件可以同时查阅多份金融合同,并勾画重点,给出逻辑清晰的答案。对于律师和贷款人员每年需要360 000小时才能完成的工作,这款软件只需几秒就能完成,而且错误率大大降低,并可以持续工作。相反,对于人工智能开发程序只需要1分钟就能完成的工作,拿着高薪的金融分析师们则需要40小时才能完成,而且完成的质量还不一定比机器高。

以上事实告诉我们,我们之前花了很长时间和很多精力学习的专业技能很有可能被智能机器人学习,而且它们有可能做得比我们更高效、更精准。专家预测,再过15年,50%的工作岗位或许将被人工智能替代,人工智能时代已经来临。面对这样的变革,我们难免有些焦虑,要如何面对人工智能时代带来的变革呢?

怎样结合自己的情况来把握这些机会

● **检查自己所学的专业和从事的工作是否会被人工智能替代**

什么样的工作最容易被替代？据研究人员分析，如果你的工作无须靠天赋，经由训练即可掌握技能，并且包含大量的重复性劳动，那么你就存在被人工智能替代的风险，比如：

1. 重复性劳动，在相同或非常相似的地方完成的工作；

2. 有固定台词和对白内容的互动工作；

3. 相对简单的数据分类或思考时间不到 1 分钟就可以完成的识别性工作；

4. 在一个非常狭小的领域内的工作；

5. 不需要与人进行大量面对面交流的工作。

现在，人工智能技术已具备取代上述工作的技术能力，一些技术已经得到应用。尽管技术上的完善可能需要一段时间，但如果我们的工作属于上述类别，那么我们就要好好考虑一下要进行新的专业知识和职业培训，准备换一个领域了。

● **和人打交道的工作不会被替代**

同时也有一些工作是人工智能在短期内难以替代的，比如和很多人打交道的工作（心理咨询）、审美创造性工作（艺术创作、文艺创作）、给人提供情绪价值的工作（主播、自媒体）。这就需要我们具备社交能力、协商能力、创造能力、审美能力。虽然机器人可以给人类的生活带来很多便利，但是人们还是愿意和有体温的活生生的人打交道，目前来说，机器是很难和人类做到深层次的心与心之间的交流的。

在人工智能大量取代人类工作岗位的未来，如果我们提前有所预判，就可以为未来创造机会；在人工智能越来越普及的未来，我们可以在自己擅长的领域避开人工智能所胜任的工作，选择人工智能做不到的工作。

● **在人工智能领域的投资**

人工智能目前正处在资本的风口上。在所有可以想象的行业和商业运作中，人工智能初创企业得到了大量的资金支持，谷歌、亚马逊、微软等公司在 2016 年就投入了超过 200 亿美元。这些企业正在争先恐后地确保自己在人工智能领域的优势。我国正在大力支持人工智能的发展，欧盟目前也在讨论一项 220 亿美元的人工智能投资项目。

百度公司加速了人工智能的转型步伐，从无人驾驶到智能生活，搭建了庞大的人工智能生态，推动人工智能技术在更多应用领域的落地。这一系列动作，也得到了国际商业圈的认同，从资本市场来看，其市值一度创出历史新高。

在细分领域当中，人工智能的应用，成就了海康威视和科大讯飞等企业。作为国内科技龙头的海康威视，受益于人工智能推动的安防产业变革，业务呈现高速增长态势。而科大讯飞致力于人工智能语音技术的应用，成为国内第一批人工智能技术创新平台，这两家上市公司的股票价格都居高不下，成为基金经理们抢夺的目标。如果你是一个投资者，可以重点关注人工智能领域。

- **把自己所处的行业及所从事的工作和人工智能结合起来**

不仅互联网企业，众多传统企业正在加速向物联网时代转型，利用人工智能等技术进行自我变革。比如海尔等家电企业，其推进的智慧家庭战略成为行业风向标，以人工智能等技术方式，促使各种智能设备由"被动"服务向"主动"服务转变，感知用户行为，提出成套的解决方案，为用户带来一个完整的智慧家庭体验。

未来，人工智能将以智能产品的形式展现在消费者面前。智能技术开始向产品或服务转化并快速向其他领域渗透。智能硬件从可穿戴设备延伸到智能电视、智能家居、智能汽车、智慧医疗、智能玩具、机器人等领域。人工智能技术的应用与落地不仅推动了物联网、智能硬件等领域的进步，人工智能技术也将和传统行业结合起来，提升其价值与效率，带来更多的商业机会。我们要推动人工智能技术的应用规模化，使其赋能于更多的产品和产业。

人工智能改变世界，巨变将至，我们要为这个未来的风口提前做好准备。

为悦己而消费——正在崛起的单身经济

近年来，都市里越来越多的年轻人不结婚，他们过着"一人食，一人住，一人游"的单身生活。中国统计年鉴的抽样调查数据显示，2017年年底，适龄未婚人群，也就是单身人群，已经接近全国总人口的20%。一方面，由于性别失衡、男性人口过剩，有千万数量级的男性被动单身；另一方面，随着社会的进步、经济的发展和思想的解放，家庭在个人生活中的作用被逐渐弱化，现在的年轻人更倾向于多元化的选择，追求自我价值，越来越多的人主动选择单身。

在美国，单身人口已经占总人口的45%，日本超过30%，韩国也接近3成。可以预测，未来中国单身人口比重也会逐步上升。

什么是单身经济

单身人群非常注重生活质量，崇尚高消费生活，这为市场带来了商机，单身经济也由此应运而生。单身经济随着单身人群数量的增加有不断发展的趋势。

国外单身经济的发展状况

在韩国和日本这两个单身人口众多的亚洲国家，随着家庭结构发生改变，市场上刮起了一阵"单身风"。在日本的大街上，随处可以找到适合单人消费的商店，以及为单身人士量身定制的服务。越来越多的独居者依靠便利商店度日；单身拉面店生意红火，店内设有单人用餐隔断，客人点餐之后，可以独自静静享受美食；还有单身卡拉OK，每间包厢只有2平方米左右，设备齐全，提供饮料和小食，单身客人可以享受属于自己的欢乐时光。

众多韩国商家瞄准了单身族带来的商机。不少家电品牌推出了适合独居者使用的迷你产品，比如冰箱、电饭锅、烤箱、洗衣机等。此外，烤肉店、火锅店等餐饮行业也纷纷在店内布置单人座、推出单人菜单。一些电影院还专门为单身的客人设置了"单身座"，让他们安静地观影。

中国的单身经济在哪些行业中有发展机会

中国的单身群体大多出生于 1985 年至 1995 年，目前年龄范围还在逐渐扩大。他们热衷消费、看淡储蓄、自我意识很强，由于没有较多的家庭负担，单身人群更倾向于关注自我、提高自身的生活质量。他们的消费需求带火了"单身经济"，并在很大程度上改变了传统的消费模式。

● 一人量，一人食，一人住

近来，各大购物网站上小型电饭煲、小型冰箱等迷你产品销售火爆，这些产品主打的广告语是"单身必备""单身之选"。2018 年 11 月，从国内大型电商平台天猫的销售报告中可以看出，一人份的商品正在迅速"蹿红"：迷你微波炉和迷你洗衣机的购买人数增长最快，而 100 克装大米、200 毫升的红酒等这些单人份的商品在同类商品中销量增速最快。"一人量"商品人气颇高，就连社交属性最强的火锅，也开始流行一个人吃。除了单身电器、单身套餐持续红火外，其他行业也纷纷针对单身人士推出了"一个人的经济"销售策略。

外卖行业也是单身经济的明显受益者。中餐准备起来需要的时间和精力太多，单身族不想投入太多时间，"外卖一人食"消费成为了主流。外出就餐也成为单身人士的重要生活方式之一。由于单独就餐的人群通常在品类的选择上会青睐快餐，因此，推出单人套餐、开办单人餐厅会是将来餐饮业发展的一个方向。

另外，专为单身人士设计的公寓也逐渐兴起，并受到市场的欢迎。这种单身公寓考虑到单身人士的各种生活所需，可拎包入住，并强化了社交功能，入住者可与其他单身人士一起休闲、聊天、健身等。

- ### 精神寄托——养宠物和线上消费

单身男女的日常生活节奏较快，宠物成了他们最好的陪伴者，缓解了工作和生活的压力。在单身人群中养宠物的人越来越多，他们有一个共同的特点，即把宠物作为精神寄托。近年来，宠物店、兽医等相关行业兴起。宠物店里各种宠物以及与宠物相关的口粮、玩具、衣服等样样齐全。

由于高房价、高教育成本支出的压力，恋爱、结婚、生子的成本越来越高，年轻人越来越不愿意恋爱，而选择在虚拟世界里获得满足。因此，游戏、动漫、二次元世界成为很多单身者消费的"聚集地"。"粉丝经济""短视频""主播直播"的崛起，都离不开单身群体的"贡献"。他们寻求从虚拟世界和线上生活中获得的满足感。

- **自我成长，知识付费**

单身人群中有很大一部分人在 1985 年至 1995 年出生，他们在保证具备高水准职业技能的同时，更加需要提升自我竞争力，以满足企业要求和提升自我价值感。他们大多对未来感到焦虑，而这种焦虑也引爆了知识付费业务的快速崛起，大量与知识付费和继续教育相关的产业开始蓬勃发展。

怎样结合自己的情况来把握这些机会

- **上班族**

假如你是一个刚刚毕业的年轻人，或者面临着职业再选择的上班族，在了解了单身经济带来的机会后，你就扩大了自己的眼界，知道哪些行业和公司会有很好的发展前景。在择业、就业的时候你可以选择相关的行业和公司，或者选择与此相关的部门。总之，搭上单身经济的"顺风车"，对个人职业的发展是很有利的。

假如你是一名产品设计师或销售人员，无论你的产品是什么，如果你考虑到单身人群的消费是一个很大的市场并且还在不断增长，从产品设计、生产、销售到后续的服务都优先考虑并满足了他们的需求，那么，你的产品的市场需求就会更大。

● **创业者**

如果你想创业，还没有合适的项目，又想搭上单身经济的"顺风车"，你可以参考单身经济已经发展了一段时间的国家，看看你所在城市的市场上有没有缺少相关的产业，如单身餐厅、单身 KTV、宠物店等。当然你也可以创办自媒体或者直播空间，专门谈单身人群感兴趣的话题。按照这种满足单身族需求的思路，已经创业的朋友也可以调整自己公司的方向，根据市场相应调整自己的产品。

● **投资者**

着眼于单身经济的发展，让自己的产品根据市场做出相应变化的公司，是对大趋势有着正确判断的公司，他们的领导者往往有着敏锐的"嗅觉"以及积极的行动力。这类公司往往有很好的投资价值，值得重点关注。

股票投资者或者股权投资人可以关注投资标的公司在衣、食、住、行领域对单身经济相关商品的研发和销售动向。比如，房地产公司开发了单身公寓，电器公司生产了适合单身者使用的电器，生物医药公司研发了宠物用的产品，这些是对该企业是否掌握未来风口的一个判断。另外，还可以关注大力发展单身经济市场的外卖平台、食品、游戏娱乐、在线教育和自媒体类公司，随着单身人口的日渐增多，这些公司的发展空间也是巨大的。

高财商
轻松实现财务自由的思考力和行动力

第 6 章

制订适合自己的实现财务自由的规划

既然定了目标，就一定要实现。

——稻盛和夫

马上行动且有足够的耐心

我常听到一些人为不进行投资理财找各种各样的借口："我是月光族，赚的钱不够花的，怎么会有闲钱用来投资理财啊？""我平时工作特别辛苦，回到家就想休息，根本没有时间制订理财计划。""我都已经 30 多岁了，对投资理财还一窍不通，现在学太晚了。"

以上问题确实客观存在，但在了解了对财富的正确态度，了解了趋势的重要作用和实现复利的方法以后，我们就要马上行动，迈上财务自由之路。在此之前，我们要根据自己的情况，制订合适的计划。

根据复利公式可知，我们越早开始投资，就会越早获得持续、稳定的复利，越能让财富增长追上通货膨胀的速度。为了实现财务自由，我们要马上行动。

- **对于月光族**

正是因为你的钱不够花才更要进行投资理财。请每天记账，对一个月的收入和支出情况进行记录，看看钱都花到哪里了。然后对开销情况进行分析，看看哪些是必不可少的开支，哪些是可有可无的开支，哪些是不该有的开支。要避免非理性消费，拿出 10% 至 20% 的收入用来储蓄，以此作为日后投资的本金。

- **对于将工作辛苦当作借口的人**

不要让你的忙碌成为财务自由之路上的阻碍。在之前的章节中我们讲过，你之所以没有钱，往往不是因为勤奋不够，而是因为思考力不够。轻松实现财务自由，并不意味着你要当金钱的奴隶，整日辛勤劳作；而意味着你要当金钱的主人，合理管理金钱，让钱再生钱。如果你不能享受工作还觉得辛苦，而且工作并没有给你带来很高的收入，请认真考虑一下，你的工作是否会使你拥有财务自由的人生。如果你喜欢你的工作，请减少做无用功，提高工作效率，减少使用手机娱乐和打网络游戏的时间，把时间节省出来制订适合自己的计划，并严格执行。

● 对于觉得自己起步晚的人

对财富的管理、规划是要持续一生的，我们什么时候起步都不晚。30 岁、40 岁，哪怕到了 70 岁、80 岁都可以进行，如果你已年长，你丰富的人生阅历、社会经验都会对你的投资理财起到更好的帮助作用。请马上行动、开始记账、培养财商，制订适合自己的 5 年或 10 年期的财富管理计划。

万事开头难，在迈出第一步后，我们紧接着就会迈出第二步、第三步，形成习惯以后，后面会越走越顺。刚开始，效果是不明显的，雪球刚滚动时也许很小，但是到后来就会越滚越大，最后会变成一个"巨无霸"，势不可挡。我们在刚起步的时候不要因为效果不明显而感到失望，甚至放弃，而是要必须坚定自己的信念，有足够的耐心。巴菲特从 11 岁起就开始接触股票投资，但是他的大部分资产都是在他 50 岁以后才获得的，在先前财富没有"滚大"的几十年中，一旦他放弃，就不会有"股神"了。

一位著名的推销员在告别职业生涯时，应行业协会的邀请来讲他的成功史。那天的会场座无虚席，人们在热切、焦急地等待着这位伟大的推销员做精彩的演讲。大幕徐徐拉开，舞台的正中央吊着一个巨大的铁球。为了支撑这个铁球，台上搭起了高大的铁架。在人们热烈的掌声中，这位著名的推销员出场了，他已经年近 60 岁，胡子花白，身穿一件红色的运动服，脚踏一双白色胶鞋。他站在铁架的一边，人们惊奇地望着他，不知道他要做什么。

这时，两位工作人员抬着一个大铁锤，放在老推销员的面前。主持人对观众讲："请两位身体强壮的人到台上来。"很多年轻人站起来，转眼间已有两名年轻人跑到台上。这位老人请他们用这个大铁锤敲打那个吊着的铁球，直到把它荡起来。一个年轻人抢着拿起铁锤，拉开架势，抢起大锤全力向那个吊着的铁球砸去，发出一声震耳的响声，那个铁球动也没动。他就用大铁锤接二连三地砸向铁球，很快他就气喘吁吁了。另一个人也不示弱，接过大铁锤把铁球打得叮当响，可是铁球仍旧一动不动。

台下逐渐没了呐喊声，观众好像认定那是没用的，就等着老人做出解释。会场恢复平静后，老人从上衣口袋里掏出一个小锤，对着那个巨大的铁球"咚"地敲了一下，然后停顿一下，再用小锤"咚"地敲了一下。人们奇怪地看着他，老人就这样"咚"地敲一下，然后停顿一下……10分钟过去了，20分钟过去了，会场早已开始骚动，有的人干脆叫骂起来，人们用各种声音和动作发泄着不满。老人仍然慢慢地敲着，好像根本没有听见人们在喊什么。人们开始离去，留下来的人好像也喊累了，会场渐渐安静下来。

大约在老人进行到40分钟的时候，坐在前面的一个妇女突然喊道："球动了！"人们都聚精会神地看着那个铁球。那个球以很小的幅度摆动了起来，不仔细看很难察觉。老人仍旧慢慢地敲着。吊着的铁球在老人的敲打下越荡越高，它拉动着那个铁架子发出声音，巨大的响声震撼着在场的每一个人。终于，场上爆发出一阵阵热烈的掌声，在掌声中，老人转过身来，慢慢地把小锤揣进兜里。

这个案例告诉我们，只要有足够的耐心，坚持下来就一定会有收获。在一条漫长的雪道上滚雪球靠的是耐力，只有一段一段地滚下去，不停止，才能把雪球滚成"巨无霸"。"不积跬步，无以至千里；不积小流，无以成江海。"饭是一口一口吃的，马拉松也是一步一步跑的。我们向往拥有财富和美好的生活，但在实现财务自由的路上，只有经过缓慢的积累，才能厚积薄发，实现目标。任何事情都不会一蹴而就，只有不断积累，不断保持向同一方向迈进，才有可能到达目的地。

校园是财务自由之路的起点

校园生活是丰富多彩的，在这里同学们可以接触到广博的知识，学习必要的专业技能，学习为人处世的方法。大学是人们从"象牙塔"走向社会的最后一站，是连接社会与校园的纽带。在大学里做适合自己的人生规划，让自己的大学生活变得充实，对人们将来走向社会有很大的积极意义。我们讲过复利、雪道和雪球，我们越早找到正确的雪道，越早开始滚雪球，最终雪球就会滚得越大。请尝试做自己真正想做的事，就算遇到困难，甚至失败了也没有关系，毕竟你们还年轻，用时间和金钱换来宝贵的经验是值得的。很多成功人士在大学期间就研发出了自己的产品，找到了自己一生奋斗的目标，如比尔·盖茨和马克·扎克伯格，他们都在哈佛大学上学期间就开创了自己的事业，并很快实现了财务自由。

然而，很多在校学生对未来会有一些疑惑，有很多问题困扰着他们，比如：

1. 自己所在的学校不是重点院校，毕业后找不到好工作，赚不到钱怎么办？
2. 毕业后是应该考研还是应该找工作？
3. 不喜欢自己的专业怎么办？

在校的同学可以根据我们前几章所讲的内容制订规划，努力找到适合自己的方向，解除困惑，早日实现财务自由。

● **自己所在的学校不是重点院校，毕业后找不到好工作，赚不到钱怎么办**

有的同学认为自己的学校不是重点院校，毕业后找不到好工作，赚不到钱。我们在第 2 章里讲过，端正对财富的态度就成功了一半。由此可见，以上想法显然是有局限性的。重点院校毕业的学生在择业上固然有更多的选择，但是谁说普通院校的毕业生就找不到好工作，赚不到钱呢？

我记得十几年前，在外资投资银行工作的人不仅有优越的办公环境，而且他们出差坐飞机都坐商务舱，入住五星级酒店，其薪资也非常高，有一些刚刚入职的分析员年薪都超过百万元。那时，在外资投行工作是年轻人都向往的，但一些大的投行只招国内顶级院校如北京大学、清华大学的优秀毕业生。当时民营企业并不热门，去百度、阿里巴巴、腾讯这样的公司并不是重点院校毕业生的首选，很多普通院校的毕业生进入了这些民营企业。

后面的 10 年，互联网飞速发展，这些进入互联网民营企业工作的同学赶上了时代的机遇，随着行业、公司的发展，个人也发展了起来。由于他们进入公司的时间早，很多人不但已经升到了公司重要部门的较高职位上，而且拥有了公司的股权、期权。随着互联网公司的上市，股价一路上涨，这些当初被大家认为"没找到好工作"的人很多都实现了财务自由。

所以，在校的同学们首先要有正确的信念和积极的态度，检查自己的想法，去除限制性思维，端正对财富的态度，建立起自信。

● **大学本科毕业后是应该考研还是应该找工作**

有的同学对毕业后是应该考研还是应该找工作踌躇不定。我们在第 3 章中强调了趋势的重要性，这个趋势既包括国家的发展、行业的发展，也包括经济周期的变化。

读研究生意味着在未来几年内，你工作的重点还是在学校做学术研究，如果你所学的专业对口的行业正处于迅速发展期，甚至是爆发期，那么你没有参与进来将是一种损失，也就是说你错过了一个风口。比如，我们在上文中所说的一些互联网企业，10 年前进入这些企业不需要很高的门槛，普通本科学历也就够了。经过近 10 年的高速发展后，一些早期进入公司的员工已经成为"元老"，占据了公司重要部门的一些职位。之后的毕业生想进这些公司就没那么容易了，门槛高了，有可能即便你是博士毕业生也要在这些"元老"的部门里做一个"小兵"。如果 10 年前你学的是计算机专业，放弃考研直接拥抱互联网行业的大机遇就是当初最好的选择。比尔·盖茨和马克·扎克伯格在看到计算机和互联网行业的机会后，甚至暂停了学业来迎接这个风口。

但是，如果你要考研的时间点处于经济增长放缓期或行业调整期，也就是第 3 章中所讲的康波周期里的波谷期，那么你确实可以考虑考研，等待经济再次回升、行业再度恢复活力后再去就业，坐着行业回升的"电梯"上行，会事半功倍。

● **不喜欢自己的专业怎么办**

有的同学不喜欢自己的专业，他们在考大学选择专业时，由于对未来就业环境的焦虑，会选择一些热门专业，这些专业往往是毕业后好找工作的专业，但这样做却忽视了自己内心真正想要的。

高财商
轻松实现财务自由的思考力和行动力

那么，我的建议是请你尽快换专业！在前面的章节中我们讲到，越早开始滚雪球，雪球就会滚得越大，如果你不确定手里的雪球是否是你想要的，也不喜欢你的雪道，那么你做这件事是不会有激情的，而没有激情自然也就做不好。即使这个专业比较热门，毕业以后可以赚取很多财富，但别忘了获取财富的目的是什么（是为了获取人生更大程度的自由）。终生做自己不喜欢的事，已经是人生的一种不幸，也就更谈不上自由了。所以，请了解自己的兴趣点，找到以后真正想做的事，尽快在你喜欢的雪道上开始滚属于自己的雪球。

● **多读书，提高认知**

在校的同学，无论是对专业的把握和选择，还是决定继续深造或找工作都需要对环境、经济周期、行业趋势以及自身的需求有正确的认识。而只有通过不断地学习、积累，才能形成这些认知能力。读书是提升自我、点亮人生最便捷和低成本的方式，同学们一定要多读书，尽快找到自己的雪道，实现复利积累。

职场新手的理财方略

近年来，随着互联网技术应用的深入，一些中文搜索引擎、电商公司和高科技移动互联网公司都借势发展。很多员工也借助公司的发展实现了财务自由。

小米集团是一家专注于智能硬件和电子产品研发的移动互联网公司，同时也是一家专注于智能手机、互联网电视以及智能家居生态链建设的创新型科技企业。2018 年 7 月 9 日，小米集团在中国香港上市，共有超过 7 000 名员工持有股票或期权，在这些人中诞生了几十个亿万富翁、5 000 多个千万富翁。

之前，也曾经有过两场"造富运动"。2005 年，百度在美国纳斯达克上市，一夜之间造就了 7 个亿万富翁、51 个千万富翁、240 多个百万富翁。当时百度的员工只有 750 人，多数人刚刚走出大学校门。2014 年，阿里巴巴上市，至少造就了 30 个亿万富翁、1 000 多个千万和百万富翁。

刚刚踏入社会不久的年轻人，也许没有什么积蓄，即使有

高财商
轻松实现财务自由的思考力和行动力

工作，收入可能也不会很高，在支付衣、食、住、行等生活成本后剩下的钱就不多了。这时候他们应该把钱花在自我投资上，提高认知，掌握更多的知识，把握经济周期，了解顺应时代潮流的、高速发展的、在风口上的行业和领域，提高专业技能，积累行业经验，寻找机会跟上大趋势。

财务自由之路走起来很困难怎么办

刚刚开始工作的年轻人会面对很多诱惑。有些工作看似来钱很快，而对自己想从事的事业却没什么实质性帮助，这时你会感觉财务自由之路走起来有些困难。

我们在通往财务自由的道路上，一定要做自己喜欢做的事，而不是什么工作赚钱多就去做什么。喜欢写作的朋友可以通过创作，以获得稿费的方式实现财务自由，而不必学别人去炒股；喜欢研究股市周期波动、上市公司财务报告的朋友可以把"股神"巴菲特作为榜样学炒股，而不必跟着创业热潮去创业。如果你感觉实现财务自由很费力，并让你感到紧张、沮丧、焦虑，你就要想想你是否处于适合自己的雪道上。问问自己的内心，你所从事的工作是否是真心喜欢的。年轻的朋友可以多尝试几个领域，找到一个最适合自己的、最能发挥潜能的工作。

如果你所在的雪道是你所认定的，但你还是感到忐忑，不确定是否能成功，对未来感到焦虑，那么你完全没有必要这样。如果你一直有这样的负面情绪，那么你就已经为财富而感到困扰，已经背离了"自由"的本意了。其实，如果你已经把握了实现财务自由的方法，你要做的就是在实现财务自由的道路上保持"轻松"。请控制自己的紧张情绪，转移注意力，关注美好的事情，做一些能让你开心的事，不必过于焦虑，请相信雪球有它自身的动能，它可以越滚越大。

养成良好的理财习惯，投资自我、积累复利

年轻人刚开始工作的时候，收入主要来自工资，要提高收入，最好的方式就是升职加薪。所以对年轻人而言，努力工作就是最好的积累财富的方式。但你要养成良好的投资理财习惯，从日常生活中的记账开始，学习如何制订财务计划并坚持

高财商
轻松实现财务自由的思考力和行动力

执行，可以尝试把收入的 10% 至 20% 拿出来用于自我投资。在这个阶段要尽量少购买奢侈品，把钱尽量多地用在自我教育和自我提升上，有了正确的认知才能把握机遇。

选对行业、选对公司

刚入职场的打工族在提高个人能力的同时也需要找到一个平台让个人能力得以发挥。更重要的是，要学会借势，选择一个高速发展的行业和一个快速发展的优质企业，和企业共同成长，从而实现自身的价值。

企业的成长速度与其所在行业的发展趋势、企业的远景规划，以及企业领导者的见识和能力关系密切。

● 企业所在的行业

企业所在的行业就是我们之前所说的雪道，上升的行业蕴含巨大的机会，企业在上升的行业里发展，就如顺风行船，借力前行必然行进得畅快。如果企业在一个呈下降趋势的行业里发展，那就如逆水行舟，越走越困难。近 10 年发展比较快的行业有互联网行业、新能源行业和人工智能行业，等等。如果你选择了一个处于衰退的行业里的公司，那么你的收益也会相形见绌。

● **企业的远景**

企业的远景又叫"企业愿景"，指企业未来希望达到的状态，包括企业的目标、企业的使命及核心价值等。企业的远景大都具有前瞻性，是企业发展的指导方针。许多优秀企业都具有一个共同特点，即强调企业远景的重要性，从而有效地激发员工的工作潜能，提高生产力，让企业快速发展。

有着明确企业远景的公司会将此远景根植在员工的思想中，用同一个信念把大家聚集在一起，让企业具备强大的凝聚力，让员工为共同目标而努力。众人拾柴火焰高，凝聚力会推动企业快速、稳健地发展。

然而，有些经营者却走一步看一步，往往只重视企业近期的利润，并不考虑企业以后的发展。这样的企业从长远来看，其发展空间极为有限。因此，企业是否具有远大的理想是我们判断一家公司是否有前景的重要指标之一。

- **企业领导者的"三观"**

领导者能力再强，如果没有正确的世界观、人生观和价值观，能力再强也只能在错误的道路上越走越远。

一个人没有正确的"三观"是指其世界观、人生观、价值观不符合当下社会的发展，不符合时代潮流的前进方向。企业领导者如果没有正确的"三观"，就会把企业引入歧途。例如，有些领导者有向社会索取而非为社会奉献的价值观，他们不从国家利益出发而以个人利益为重，并觉得只要能让企业盈利，违法乱纪、投机倒把也在所不惜。他们傲慢强权，不积极改进自己的认知能力和领导能力，认为人生就是一场投机赌博，应该享乐。这些不正确的价值观只会早早断送企业的前途。

- **领导者的能力**

领导者需要具备很多能力，包括预见力、沟通力，等等。我们可以用一个很简单的方法判断一位领导是否合格：扪心自问，你是不是崇拜他，是不是佩服他。如果答案是否定的，恐怕他所领导的这个企业就不是你最好的选择。

有娃家庭的理财新思路

如果你已经成家立业并且有了孩子，在这个年龄段，一般情况下你已经有了一定的财富积累和工作经验，也许你已经成为行业里的专家或职场上的精英，此时正是你开始大展身手的时候，但同时你也要面临经济上的压力，你需要承担大笔的支出来维持家用，例如买车、买房和为孩子提供教育费等。

- **合理规划，理性支出**

记录家庭的资产、负债以及每月收支状况，例如有多少资产——存款、住房、私家车等；有多少负债——房贷、车贷等；每个月收入多少，日常开支又是多少。同时测算出相关财务指标。这样才能辅助我们更好地了解家庭状况，从而更好地制订规划。

要给孩子预存一部分教育资金，现在孩子的教育对每个家庭来说都很重要，中国的父母都有望子成龙的心愿，而孩子将来上学、参加兴趣班的费用都是不小的支出，需要提前准备。

在有了一定的结余后，我建议大家要关注投资。如果你想买车，我建议你在刚起步的时候不要购买特别昂贵的品牌车，而是先买一辆普通的车，并尽可能地把积蓄用于能够保值、增值的投资上。我们知道车一旦被开始使用，就开始贬值了。

● 积极投资，积累复利

经过若干年的积累，你可能有了一定的积蓄，并且对房地产市场做了一番考察。如果可能的话，我建议你在人口大量流入的城市里尽早购置有升值潜力的房产，那么在未来的日子里，你既可以给家人带来稳定感和安全感，又可以享受房地产升值带来的财富增长。

如果你对股市非常感兴趣，能把握牛市、熊市的节奏，掌握股市规律，并且有看好的高速成长的公司，你完全可以把自己的积蓄投资在股票上，在正确的雪道上滚雪球，享受这些高速成长的公司给你带来的稳定的福利和分红。随着我们不断积累投资经验，复利的威力也将逐步爆发。影响复利的两大因素是时间和收益率，而这些又和投资经验密切相关。

也许你已经找到了一家高速成长的公司，公司在人工智能、新能源车或互联网等风口领域是行业的龙头。由于你先前的付出和积累，你有可能已经持有公司员工股，公司在经过几轮融资后即将上市公开发行股票，那么在公司上市后你就可以实现财务自由。随着公司的稳步发展，你会和公司一起成长。

- **调整自己，顺应趋势，找到正确的雪道**

如果这时候你还对自己的收入和资产没有规划，并离实现财务自由还有一定的距离，这也没有关系，什么时候起步都不晚。并不是每个人在年轻的时候都能找到正确的道路，也不是一开始工作就可以赶上大的发展机遇，我们要随着趋势、随着时代的变化调整自己。

华为公司的创始人任正非也是人到中年才开始创业的，正是他坚持滚雪球，才有了今日的成功。联想公司的创始人柳传志也是大器晚成，40 岁以后才开始创业。20 世纪 80 年代，柳传志辞掉了中科院的工作"下海"创业。因为当时正是中国计算机产业高速发展的时代，所以他赶上了这个风口，并享有了改革开放的红利。

我们要不断地审时度势、调整自己。如果觉得自己的雪道上没有雪，或者这条雪道不适合自己，就要尽快调整，一旦机

高财商
轻松实现财务自由的思考力和行动力

会来临，我们就要毫不犹豫地抓住，找到适合自己的雪道，乘上风，滚大自己的雪球。

● **规避风险，避免激进**

如果你早早就开始投资，持续稳定的复利将让你在有娃之时就已经拥有了不动产、股票资产、充足的现金。在这个阶段你已经有了一定的人生阅历，也许你在投资理财方面犯过不少错误但也有了很多经验，同时也有了更加独到的眼光。在职场上积累的工作经验和良好的人际关系，也让你在工作中畅行无阻、有着刚步入社会的年轻人没有的优势。此外，你此时正处于壮年，精力仍然旺盛，你可以尽情享受财务自由带给你的好处，做自己喜欢做的事，去自己想去的地方，可以有更多的时间陪伴家人并专注于培养孩子，等等。你甚至可以雇一位投资经理为你工作，以便有更多的时间享受人生。

随着你的儿女渐渐长大，你用在子女身上的支出也在减少，在你一生的财富积累之路上，这个阶段通常是财富达到顶峰的时候，你可能即将或者已经实现了财务自由。在这个年龄段你要注意自己的投资配置，不要激进，以确保已有资产的稳固，并且最好预留一部分资金在医疗保健上。你工作的侧重点将是"财务自由"的"自由"方面，即要让生活变得更有意义。这时，投资将不再是你人生的主旋律，而会成为你生活中的一部分，成为一个与你相伴多年的伙伴。当然，如果你非常热爱投资，你可以继续研究经济周期、行业风口和公司的财务报告，就像巴菲特一样，将投资进行到底，乐此不疲。

创业者如何踏准财富节点

如今"双创"已成为创新驱动发展战略的重要载体：从中关村创业大街的创业者，到大企业"内部双创"的大工匠，再到投身"互联网＋农业＋扶贫"的农业创客，越来越多的来自大、中、小企业（涵盖第一、第二、第三产业）的人们投身创业。

全民创业可以让有知识和有智慧的人充分展现自己的才华和能力，将知识和智慧运用到革新和研发创造之中，进而促进原有产业的创新发展，并使新兴产业脱颖而出。各种技术革新和发明创造等高新技术的投入和运用，将"中国制造"逐步引向"中国智造"，促进产业升级和经济发展。

在国家"大众创业"的号召下，一些有想法、有创意的年轻人会带着他们的新想法去创业。现在可以开启的创业领域很多，创业的人也越来越多。但是据统计，有95%以上的创业者会在创业开始的18个月内宣告失败。

● **判断自己是否适合创业**

创业，并不容易。如果你一没资金，二没技术，三没社会资源，四没吃苦耐劳的精神，五没有敢于挑战自我、战胜困难的信心和勇气，你就要认真考虑自己是否要创业，创业可不是拍拍脑袋就能成功的事。

在创业过程中有很多问题需要面对，例如，融资贷款、知识产权、选择合伙人、招募员工、财务管理、经营市场、维护资金链等，方方面面都可能藏着各种各样的"坑"，稍有不慎就会失败。想要创业就要考虑好可能面对的风险，以及失败之后自己是否能承受得起。也就是说，创业就是抱着最好的愿望，做好最坏的打算。

另外，有的创业者除了没日没夜地工作外，为了筹集创业的资金，会不惜动用自己的积蓄，甚至卖掉房子和车，在创业失败后，变得一无所有。创业不应该让你的生活一贫如洗，而应该是一个实现梦想，做自己想做的事，让自己获得财务自由，使生活变得更美好的过程。

因此，抱有创业梦的人一定要问问自己，创业真的是适合你的雪道吗？

● **顺应经济周期和行业趋势**

如果你对自己的产品和技术信心十足，在相关领域有熟悉的朋友，资金实力雄厚，有着丰富的经营管理经验，同时把创业可能面临的问题当作挑战并以解决问题为乐趣，那么你可以尝试创业。

在创业时一定要判断经济形势和行业趋势，本书一直强调趋势，如果你创业的时间节点是经济下行期，所在行业的红利也已经消失，那你就要保持谨慎。

例如，随着移动互联网的发展，2016 年和 2017 年是自媒体的一个红利期，这段时间里认真做自媒体的人（如做微信公众号的人）赚到了钱，创业很成功。有的公众号创始人年收入几千万元，他们借此获得了财务自由。

但是从 2018 年开始，这波红利潮渐渐褪去，随着监管趋严，许多自媒体创业者开始步入"寒冬"：靠抄袭为生的自媒体最先被淘汰；紧接着，原创度不高的"标题党"也活不下去了；一些公众号和音频账号因涉及违规内容直接被封号。由于流量下降，自媒体创业者难以维持运营成本，很多都坚持不下去了。

自身能力固然重要，但是经济和行业的趋势是最关键的，我们要顺应趋势，周期向上时撸起袖子加油干，行业调整时收缩战线、减少投入、韬光养晦。

- **做好产品和盈利模式，提升自我、积累复利**

即使在行业上升趋势中，我们也需要有过硬的产品，唯此才能在创业的道路上取得成功。产品就是我们能为哪些客户解决哪些需求；模式就是我们通过什么样的方式来运营这个产品，使其发挥最大价值；营销就是如何让人们知道产品和模式。

举个自媒体创业的例子。如果你打算做公众号，首先你得了解公众号的受众是谁，什么领域容易吸引"粉丝"。公众号的受众一般以大学生和职场人士为主，容易吸引"粉丝"的领域则集中在"情感""职场""读书"这些领域。你需要根据这些受众和他们关心的领域打造你的产品内容。要想好怎样变现，是卖会员卡还是卖广告或是把读者打赏作为盈利模式；要想好初期在什么平台，如何推广营销你的公众号。另外，如果你想做得深入，就要为此组建一个团队，并不断学习和研究如何管理团队，以及如何提升领导力。

持之以恒地输出优质内容，面对市场变化不断优化盈利模式，改进营销方式和提高创业者自身的领导力都不是一蹴而就的。我们往往需要通过多年的实践才能摸索出一套适用于自己的方法。我们的收获也来自创业过程中年复一年的复利积累，如果你相信创业适合你，并且顺应趋势在你选择的行业里坚持滚雪球，相信用不了多久，你一定会实现财务自由。

迈出第一步，找个榜样来学习

本章我们针对各种人群讲解了如何制订适合自己的实现财

务自由的规划，大家对自己要做什么、怎样做以及为什么这样做，已经有了一定的认识。但是有些人制订了计划后，在实现财务自由的路上，迟迟没有行动。那么，如何解决这个问题呢？我给出的建议是，请找一个适合自己的榜样，模仿他的行动。榜样就是我们学习和模仿的对象，我们可以从他身上获得力量。

起初，你可以清楚地知道榜样在其人生各个阶段的目标，以及实现这些目标的具体做法，从而让自己的财务自由之路更加清晰、明确。也有一些人在成长过程中，未能培养出足够的自我价值感，所以他们总是觉得自己没有足够的能力去处理人生中的种种事情。事实上，每个人生来都有这种潜力，学习榜样有助于我们重新发现和运用自己本来就有的这种能力。你学习的对象，可以是相熟的人，可以是不认识的知名人物，也可以是历史人物，只要你崇拜他，想获得和他一样的成就和财富，你就可以将其作为榜样，模仿他的行为以获得成功。

模仿榜样是很有必要的！本书强调的是轻松实现财务自由，如果我们完全靠自己的力量去摸索、尝试，不仅费时、费力，还会犯很多不必要的错误，就算最后实现了财务自由也会消耗大量的资源和时间。能在短时间内学会别人多年才学成的东西，少做无用功，少走冤枉路，快速实现财务自由，是人人都渴望的。我们在人生的每个阶段，从学说话、学走路，到学知识，都离不开模仿。模仿卓越人士的行为是我们实现财务自由的一条捷径。

我们在寻找一个适合自己的榜样来模仿的过程中要注意以下几点。

● **在适合自己的雪道上选择榜样**

因为每个人的天赋和喜好不同，所以每个人实现财务自由的道路也是不同的。我们要在适合自己的领域和道路上选择一位卓越的先行者作为榜样。

有的人向往创业，喜欢冒险，有很强的心理素质，有突出的领导力、决断力和行动力，他们可以把一些卓越的创业者（如比尔·盖茨）作为榜样。有的人热爱证券投资，"股神"巴菲特和金融投资家乔治·索罗斯就是不错的榜样。畅销书的版税收入年年都有进账，这是一条不需要投入资金，只需要投入精力和时间的财务自由之路。如果有人喜欢文学创作，那么他们可以选择以英国作家J.K.罗琳为榜样，她创作的"哈利·波特"系列作品畅销全世界，版税收入和各种衍生收入已经使她跻身于亿万富翁之列。

所以，当你留意一个财务自由的成功人士时请先考虑：他的路是你想走的吗？你想走的路在哪里？你想走的路上有哪些卓越的先行者可以作为榜样？

● **认真考察和筛选榜样**

在信息爆炸的时代，我们每天都会接收到很多信息，会发现有些人突然之间实现了财务自由。例如，在我们的微信朋友圈里，有一些朋友因为做了某些产品的代理工作而收入颇丰，每天炫耀着豪车、海岛游和奢侈品的照片。还有身边的一些朋友通过炒网络虚拟货币一夜暴富。我们经常看得心潮澎湃、热血沸腾，恨不得马上加入他们的行列，以他们为榜样，立刻实现财务自由。

然而，事实到底是怎样的呢？那些成功融资的创业者一开始凭着PPT里的概念和故事成功地吸引了投资人的目光，但公司后续的盈利模式并没有建立，他们在运营过程中只"烧钱"扩大规模而不赚钱，融资"烧"完了以后资金链很快断裂，他们甚至付不起房租和员工的工资，公司停运，只剩下一个"烂摊子"。在朋友圈里卖产品的代理，今天开特斯拉，明天换玛莎拉蒂，真相往往是：他们到 4S 店坐在展品车里"摆拍"，他们与顾客的聊天记录都是用 App 做出来的效果，甚至连海岛游照片也是后期制作出来的。虚拟货币被整顿清理，交易平台被关闭，交易被停止，虚拟货币价格暴跌，一些持币者被"腰斩"，杠杆炒币者更是亏损严重。有些持币者忍痛清仓，有些持币者只能暂时将这些虚拟货币搁置一旁。

这些人的财务自由根本就是虚假繁荣，以这种方式赚钱就算一夜暴富了，再过一夜他们也会被"打回原形"。如果我们以他们为榜样，学习他们的行为，恐怕很难实现长期稳定的财务自由。本书强调的在正确的雪道上滚雪球是一个长期的过程，也就是说我们要保持持续盈利的能力，而不是像放鞭炮一样，响了两声以后就没了。

我们要静下心来认真筛选信息，认真考察你想选择的榜样的真实财务状况，不要被眼前的假象干扰。那些经过时间考验的被大家熟知的行业领袖才是好的选择，他们的成功是持续性的，就算暂时经历了危机，他们也会坚韧不拔地战胜困难，滚自己的雪球。另外，三观和人品也是决定一个人能否成为榜样的关键因素。一个榜样一定是一位具有正确的三观和良好的品质，在为自己创造财富的同时也为社会带来价值的人。

- 模仿榜样，制订适合自己的计划并严格执行

我们模仿榜样要模仿他们的观念，尤其是他们对财富的理念。实现财务自由的人，他们的财富理念应该是积极而正面的。我们还要模仿他们的情绪。做自己喜欢的工作从而实现财务自由的人，他们的情绪一定是高涨的、喜悦的，这样的情绪更能促使我们成功。

我们还要模仿榜样的行为，例如，你的榜样在刚毕业时如何制订 5 年计划？用多少钱来投资？如何提高收入？5 年内存款总额达到多少？他们每年的存款是多少？具体到每个月的支出有什么规划？当然，由于每个人所在的国家和城市不同，实际收入情况也会有所不同，我们所做的不一定是要和榜样完全

相同，而是模仿榜样的行为模式和思维方式，做出规划并严格执行。榜样的力量还在于教会我们在遇到困难的时候该如何面对、怎样战胜困难——他们的行为和心态为我们提供了强有力的心理支持。

财商小课堂

问：在创业的过程中我常常会感到孤独、无助，怎样才能产生认同感和归属感？

答：自然界中有这样一种现象，当一株植物单独生长时，会显得矮小、单薄，当它与众多同类植物一起生长时，则会根深叶茂、生意盎然。人们把植物界中这种相互影响、相互促进的现象称为"共生效应"。事实上，我们人类群体中也存在共生效应——和那些优秀的人接触，你就会受到良好的影响。因此，多与优秀的人交往，多受他们的影响，能让你变得更优秀。如果你已经很优秀了，再与优秀的人交往，那么你们就能产生共生效应，取得了不起的成就。

找一个适合自己的榜样来模仿，多与榜样接触，可以帮助你树立信心，养成积极的心态，这样你就会少走弯路，事半功倍，你也可以借助榜样的力量解决你遇到的问题。

第 7 章

对投资风险的把控

市场就像一只钟摆，永远在短命的乐观和不合理的悲观之间摆动。聪明的投资者则是现实主义者，他们向乐观主义者卖出股票，并从悲观主义者手中买进股票。

——本杰明·格雷厄姆

避免非理性消费和投资

我们身边有一些长辈，他们退休后时间充裕，有退休金，加上工作几十年的积累，已经基本实现了初级的财务自由。虽然他们过得悠闲而滋润，但也习惯了勤俭节约，平时精打细算，去菜市场买菜也会为一两毛钱讨价还价。然而，在这些人中，居然有很多人把省吃俭用存下的积蓄拱手交给某些不良的保健品公司或理财公司，结果上当受骗，甚至血本无归。

退休在家的方奶奶看到小区门口张贴的"参加体检送鸡蛋"的广告后心动了，她拨打了对方的电话，于是对方立刻派车将老人接到销售网点，为其进行所谓的"体检"。对方出具了一份检查报告单，称老人的某些身体指标不合格，有健康隐患，老人一听立刻慌了，随后对方开始推销某某保健品，吹嘘使用之后可以降血压、降血脂甚至延年益寿。老人在销售人员的心理攻势下，毫不犹豫地花了1万元买了该公司的保健品。后来该公司又推出老年人"免费"旅游等项目，这当然也是销售保健品的一种手段。在销售人员的"嘘寒问暖"和该公司的"专家医生"危言耸听的双重催化下，方奶奶一共花了30多万元购买该公司的保健品。等到她真正生病需要用钱的时候，已经拿不出积蓄来了。子女知道后，拿着保健品去检验，才发现

高财商
轻松实现财务自由的思考力和行动力

这个产品的生产批号是伪造的，这个山寨产品的主要成分是淀粉和糖水，所谓"延年益寿"都是假话。方奶奶用一生的积蓄就买了这些东西，知道真相后，她感到心脏一阵绞痛，昏倒在地。

这样的案例在我们的日常生活中并不少见，一盒鸡蛋、一桶油就能吸引一些人消费投资。他们既缺乏正确的消费观念和金融理财知识，又有从众心理，所以骗子打着"亲情牌"，给出一点小利益，打着专家的幌子忽悠一下，这些人就上当受骗了。而且他们极度信任销售人员，往往把毕生的积蓄都投进去，最后落得血本无归。要知道，在复利公式里，本金是很重要的，没有了本金，也不会有后续的财富增长了。

非理性消费和投资不仅限于老年人，也有不少年轻人因此损失财产甚至破产。有的美国职业篮球联赛明星年薪高达几千万美元，他们在自己的职业生涯中可以赚到上亿美金的财富，但是根据统计，他们中间有超过 60% 的人都破产了。其破产的原因主要有两个：一是非理性消费，比如买几十辆车送人、赌博、在夜店挥霍无度；二是错误的投资，比如他们把财产随便交给基金经理或者生意伙伴去打理，很快就赔光了。

接下来，请想想我们自己吧。在沪市 5 000 点估值过高的时候高喊着还能涨到 10 000 点，毫不犹豫地"杀"进去然后遭遇断崖式下跌的人中有没有你呢？为了买一件奢侈品牌的包花了几个月工资的人中有没有你呢？为了买网络游戏的装备偷偷花掉父母的钱甚至去借钱的人中有没有你呢？这些做法都是冲动和不理性的消费行为。

人性是有弱点的：贪婪、冲动、虚荣、爱占小便宜、有从众心理、无知却又盲目自信等。人有时也会因为对美好事物的狂热追求而丧失理智，这些都是导致非理性消费和投资的原因。很多商家就是利用人性的弱点来赚钱的。如果在投资活动中不克服这些人性的弱点，那么你恐怕会沦为被"宰割"的对象。

在我们通向财务自由的路上，保护好本金是一件非常重要的事。我们不能因为外界的诱惑就头脑发热而无视风险，把自己的本金全部拿出去做一项冒险的投资，这样的行为是很危险的。那么，怎样才能做到理性消费和投资，避免盲目和冲动呢？

1. 首先要做的就是发现自己的非理性行为。当自己头脑发热要为某项高额消费或投资掏腰包的时候，要马上冷静下来，给自己一周的时间考虑，问问自己到底为什么要做这件事？这件消费品是必需的吗？这项投资许诺的收益率合理吗？我建议应从多方面获取产品或者投资的相关资料，从朋友那里或者网络上了解一下它的口碑，考虑周全以后再做决定。

2. 每个月都做好自己的财务规划，对收入和支出进行记账并拿出一定比例的收入用以投资。把生活各项都做好限额，变动幅度不要太大。想购物的时候清点一下自己已经有的物品，看看确实缺少哪些，列出清单。钱要花在刀刃上，一定要购买的要优先考虑。对比一下自己的支出计划，控制预算，严格按照自己的计划行动可以避免冲动消费。

3. 要有自己的判断力，不轻信他人，不随波逐流，很多时候冲动是在他人的刺激下产生的。有时候集体无意识和从众心理是很危险的，要保持思想独立，不被忽悠。

4. 多读财经类图书，多看财经新闻，增长金融和投资理财方面的知识，对当前的经济形势和投资回报要有自己的判断，认识到实现财务自由是一个长期的复利累积过程，要排除"赌一把"和"一夜暴富"的心理。避免受"高收益、高利息、高回报"的诱惑。

克服羊群效应，成为卓越的少数人

羊群是一种容易盲从的组织，一群羊经常会盲目地左冲右撞，一旦有一只头羊动起来，其余的羊也会一哄而上，全然不顾前面是否有危险。如果在一群羊前面横放一根木棍，第一只羊跳了过去，第二只、第三只也会跟着跳过去。这时，再把那根棍子撤走，后面的羊走到这里，仍然会像前面的羊一样，向上跳一下，这就是所谓的"羊群效应"，也称"从众心理"。

羊群效应在投资活动中，主要是指有些投资者在交易过程中存在学习与模仿现象，盲目效仿别人。当"专家"说黄金要涨时，他们就大量买入；当股市大涨，某些股民赚了钱时，其他股民也会跟着买入。

很多股民喜欢研究股票技术，在大盘上涨时，追涨信心百倍，大盘跳水时，就纷纷"恐慌出逃"。当股市行情都不被大家看好时，即使具有成长前景的投资品种也无人问津。而等到市场热度增高时，投资者就会争先恐后地进场抢购。一旦市场稍有调整，大家又会一窝蜂地"杀"出。这似乎是大多数投资者都无法克服的投资心理，也是为什么牛市中存在慢涨快跌的现象，而杀跌又往往能够一次到位的根本原因。

在投资中产生羊群效应的原因

1. 省时省力的需要。投资者没有自己的投资理念和分析能力，模仿他人的行为可以节约时间和精力。

2. 推卸责任的需要。投资者为了避免个人决策失误带来的后悔和痛苦，而选择与其他人相同的策略，一旦投资失败，投资者也可以将责任推给他人。

3. 减少恐惧的需要。人类属于群居动物，每个人都渴望归属感，喜欢从众，偏离大多数人往往会使其产生孤独感和恐惧感。

二八定律和羊群效应

二八定律又称帕累托法则，是 19 世纪末 20 世纪初意大利经济学家维弗雷多·帕累托提出的。帕累托认为，这个世界上 20% 的人占有 80% 的社会财富，即财富在人群中的分配是不平衡的。他还发现，在任何一组事物中，最重要的只占其中的一小部分，约 20%，其余的 80% 尽管是多数，却是次要的。二八定律同样适用于股市，例如，"一赚二平七亏损"就与之类似，还有一种说法是股市中只有 10% 的人赚钱，大部分人都是亏钱的。

单个投资者总是根据其他同类投资者的行动而行动，在他人买入时买入，在他人卖出时卖出。这就如同一片肥沃的草地上只有几只羊，它们总能吃得很饱。可是有一天这片草地吸引了一大群羊，于是，草被吃得越来越少，羊也越来越吃不饱了，有一些饿死了，有一些迁徙了。但是，如果是一只聪明的羊，那么它就不会跟着大部队迁徙，而会留下，等新草长出来了，这里就又是一派欣欣向荣的景象了。

克服羊群效应

羊群效应在投资者身上表现为从众、盲目地追涨杀跌。我们要时刻审视自己的行为，不要盲目从众，不要担心自己和别人不一样，而应持有自己的投资理念。这样，在克服羊群效应这件事上，你就已经成功了一半。

还记得巴菲特的那句话吗？"在别人贪婪时恐惧，在别人恐惧时贪婪。"我们应该察觉在大多数人身上发生的羊群效应，也可以适时、适当地根据他们的行为调整自己的操作。

■ 财商小课堂 ■

问：要做到理性投资太难，怎样才能时刻保持头脑清醒？

答：我们不用担心自己看不懂股市复杂的 K 线图，不用担心自己在正确的雪道上轻松滚雪球是不勤奋的。相信自己，为自己真正热爱的事投资，提升自己的能力，自觉克服羊群效应，努力让自己从平庸中蜕变，成为那20%的少数人，走一条少有人走的不凡的财务自由之路。

如何在投资中战胜人性的弱点

贪婪和恐惧，是人性的两大弱点。在市场看涨的时候，贪婪使人们忘记风险，在市场下跌的时候，恐惧使人们迷失方向。很多资深投资者虽然有丰富的理论知识和实践经验，但因为无法超越人性中的贪婪和恐惧而满盘皆输，确切地说他们是败给了自己。

伟大的天才物理学家、数学家牛顿也有过一段不想提及的辛酸的投资经历。

1720年，南海公司的股票价格从1月的每股128英镑左右，连续大幅上涨。牛顿看到如此大好机会，也投入了约7 000英镑购买了南海公司的股票。之后股票继续上涨，仅仅过了2个月，出于谨慎牛顿把这些股票全部卖了，算了一下最后赚了7 000英镑，对他来说这是一笔很不错的收益！但是刚卖完股票牛顿就后悔了，因为之后 1 个月股票价格涨到了 1 000 英镑。牛顿经不住狂热市场的诱惑，决定立刻追加投资，希望赶在股价起飞的风口，狠狠地赚一笔。然而此时南海公司已经出现经营困难，没过多久股票便一落千丈，到年底股价已经跌到了 124 英镑。许多投资人都是血本无归，牛顿也未能幸免，最后亏了 2 万英镑，这在当时可是一笔巨款。牛顿曾经做过英国皇家造币厂的厂长，年薪有 2 000 英镑，他这次亏掉了 10 年的工资。此后，牛顿再也不允许别人提起他这段惨痛的经历。

这位智商极高、提出万有引力定律的伟大科学家最后只能感慨道："我能推算出天体运行的轨迹，却难以预料人们的疯狂。"牛顿也没能抵住人性的贪婪和恐惧——他在已经获利时没有"落袋为安"，贪婪的心理让他不顾后果、持续投入；而在市场反复攀升达到或接近最高点时，他唯恐自己误了"末班车"而不顾市场的过度狂热继续买入，最终做出了这个并不理智的投资决策。

在投资活动中，贪婪和恐惧会导致严重后果

贪婪和恐惧是人性，是人类的求生本能。对物质财富的贪婪和对饥饿、贫穷的恐惧是人类社会发展的原始动力。对成功的向往与自我实现的欲望，能够促使本来生于贫困的人步入富裕；同样，对物质匮乏以及未来不确定性的恐惧也让人们努力奋斗、不敢松懈、小心翼翼、规避风险。正是这样，人类社会才会不断进步和发展，从农耕文明到工业文明，再到高度发达的信息化文明，物质生活越来越丰富，科技越来越进步。

但是贪婪和恐惧在投资活动中是会导致投资失败的。在投资活动中，人性的贪婪一般表现为：期望一夜暴富，过度交易；赚蝇头小利而赔大钱；当赚钱时急于获利了结；在赔钱时，忽略市场的下跌趋势，一厢情愿地希望价格回升，最终导致越输越大。

人性的恐惧具体表现为在市场反复攀升达到或接近最高点时，怕自己误了"班车"而疯狂买入；在市场长期下跌，周围一片悲观，即便市场已经在底部区域，估值合理时，还是因为

害怕而绝望斩仓。

人性的弱点是我们与生俱来的，几千年来贪婪和恐惧在人类的血液里一直流淌。大部分投资者，永远也战胜不了人性的弱点，会败给自己的内心，沦为输家。而要想成为赢家则必须克服自身的弱点，在市场中保持理性和清醒。阅读了本书的朋友们，在了解了"轻松实现财务自由"的关键方法的基础上，通过练习和实战，完全可以战胜人性的弱点，最终完善自己，成为投资市场的赢家！

我们应该怎样利用本书中的知识战胜人性的弱点

首先，对获得财富要有正确的信念和积极的态度。拥有财富的愿望是我们前进的驱动力，是获取财富的精神支柱。认为自己不值得拥有财富和只有通过吃苦才能拥有财富的人，内心充满了恐惧和焦虑。他们或者因为恐惧而畏缩不前，迈不出实现财务自由的第一步；或者认为必须要做些什么来转化恐惧和焦虑情绪，而他们盲目的行动往往是无用的甚至成为实现财务自由道路上的阻碍。有了正确的信念和积极的态度，我们会在通往财务自由的路上减少恐惧，大步向前。

其次，判断经济周期，把握时代和社会发展的大趋势、行业发展的大趋势。我们要把握经济周期和行业发展的节奏，跟着节奏迈出脚步，选择在最合适的时间点行动。当一个上升周期刚刚开始时，市场价格往往是低的，我们要果断买入；当价格高的时候，上升周期很有可能已经快结束了，我们就要坚决卖出。但由于大多数投资者无法克服人性的弱点，喜欢追涨杀跌，从而导致了投资失败。掌握了经济周期和行业趋势，我们不仅可以战胜人性的弱点，而且可以观察他人的弱点，和大多数投资者反向操作，从而取得成功。

最后，相信复利的力量，专注于自己喜欢做的事，忽略无用信息。这是我们轻松实现财务自由的方法和保障。了解了轻松实现财务自由的方法，可以保持良好和稳定的情绪，不被外界干扰。我们要认识到，财富的积累是一个过程，一夜暴富是小概率事件。只有对此有清醒的认识才能确保自己不会被贪婪和恐惧冲昏了头脑，做出不理智的投资行为。

让贪婪和恐惧成为我们轻松实现财务自由的助手

了解了贪婪和恐惧这两个人性的弱点后，我们可以让其成为轻松实现财务自由的助手。

● **对财富的贪婪和对贫穷的恐惧是我们发展的动力**

对物质财富的贪婪和对贫穷的恐惧是人类社会发展的原始动力。人类社会的不断进步和发展与此有很大关系。

● **贪婪让我们付出而有收获，恐惧让我们见好就收**

正是因为贪婪，才让我们在经济上升周期，想把经济发展的成果全部收入囊中；也是因为恐惧，才让我们在经济下行即将开始时见好就收。

● **将大多数人的贪婪和恐惧作为判断市场的风向标**

正如"股神"巴菲特时常说的那样："在别人贪婪时恐惧，在别人恐惧时贪婪。"投资场上的赢家永远是少数人，是那些懂得财富"秘密"的高财商的人。大多数投资者的行为是情绪化的、非理性的，而这些人的狂热行为可以作为我们判断市场发展趋势的一个依据。

从"危"到"机"——在经济下行时期控制风险

我们在第 3 章里讲过康波周期理论，根据此理论，大约每 60 年有一个经济周期，每个周期都包括回升期、繁荣期、衰退期和萧条期 4 个阶段。一般人在一生中总会遇到一次回升期和繁荣期，然而到了经济下行时期，我们要做的反而更多。我们不能盲目地对外投资，而必须进行投资管理，把损失减到最小，并且为下一次的上升周期准备好充足的资金。面对经济下行，我们要做到以下几点。

● **变现资产，增持现金**

聪明人知道什么时候该离开"牌桌"，积蓄力量。在经济下行时期的初始阶段，资产会大幅度贬值，比如股市会出现断崖式下跌。此时，我们最好变现资产，预防经济形势进一步恶化给自身带来更大影响。另外，应抛掉泡沫型资产增持现金，因为虽然现金也会出现一定的贬值，但是比起股价的暴跌来说现金还是相对稳定的，手里持有现金能为未来经济回升时，积极参与更多、更好的投资理财活动奠定基础。

- **缩减消费**

  经济下行会引发企业破产，从而导致降薪和失业潮。这时候，过度消费是不理智的，只有缩减支出才能储备过冬的粮食，同时为回升期和繁荣期的投资积蓄更多的本金。

- **规避风险，不要投机**

  经济衰退期是一个长期的过程，不是一两年就能结束的。经济回落的时候，各类资产急速下跌，比先前的价格要低很多。有些人抱着侥幸心理试图抄底，却不知道下跌趋势一旦形成，会持续很久。在经济下行时期，机会的确存在，但减少损失永远比妄想赚钱更重要。覆巢之下焉有完卵，在大的下跌趋势中不要幻想自己是幸运的那个人，避免冲动，安全第一。

- **加大自我投资，培养财商**

  自我投资永远是性价比最高的投资。经济一旦有下行的趋势，你会发现那些号称"专家"的财务顾问、基金经理也自身难保，他们的损失一定不比你小。在萧条期一般都会有空闲，如果能够投资自己，充电升级，加强财务知识学习，了解经济规律，提高财商和个人能力，那么此后你在任何市场、任何阶段，都能进行相对稳健的投资。

● **耐心等待**

投资是一门等待的艺术，投资的机会都是耐心等出来的，只有耐心等待才能克服冲动、避免陷阱，在价值洼地以一个很好的价格买入。在经济下行时期我们要耐心等待形势的好转，耐心等待好日子重现，耐心等待最佳投资抄底机会的来临，买在低处是决定投资成功的一个很重要的因素。

总而言之，"危机"一词，由"危"和"机"两个字组成，也就是说"危机"里既有风险又有机会，并不是说在经济下行时期我们就什么都不做，坐以待毙。在衰退期我们要做的投资管理反而要比经济上升期更多，在经济下行时期我们做的功课直接决定着我们在下一个经济上升周期里可以赚取多大的受益。一定要好好利用短暂的经济下行时期提升自己，时刻做好在低处买入的准备，从而在下一个上升期获得大丰收。

高财商
轻松实现财务自由的思考力和行动力

Chapter Eight

第　　　　8　　　　章

广义上的财富，
你可以拥有更多

．．．．．

拥有幸福感才是人生的终极目标。

——黄悦函

．．．．．

财务自由了以后该做什么——马斯洛需求层次理论

财务自由是指无须为生活开销而努力，也就是不用为钱而烦恼的状态。

有的人生下来就已经实现财务自由了，如继承家业的富二代，因为家里有产业，他们不需要到外面去打工，在自家的企业里工作就可以了，当然这是少数人。也有一些人，通过自己的选择和努力工作，复利积累实现了财务自由。他们经济上富裕，时间上也充裕，但在这种情况下，很多人反而迷失了自我，每天不知道该做些什么了。

我认识一个姑娘，她是家里的独生女，十几年前，她的爸爸在北京周边的一个二线城市以很低的价格买了10层写字楼，每层800平方米。当年，写字楼所在的位置还极其偏僻，人迹罕至，所以购买有一定的风险。而现在国家推动京、津、冀协同发展，北京周边城市得到开发，这个写字楼的价格翻了10倍，写字楼的租金收入也十分可观。姑娘的爸爸年纪大了，平时就在家里收收房租，和楼下的大爷们下下棋。姑娘也不上班，每天在写字楼里闲逛，无聊时就和租客们聊天。我们都羡慕这位姑娘好命，生在条件这么好的家庭，几乎一生下来就财务自由了。

租客们都是公司职员，平时上班也挺辛苦的。一开始他们还对房东姑娘挺热情，后来时间久了也都各忙各的，没时间搭理她了。房东姑娘感到生活很无趣，非常惆怅。一个问题困扰着她："财务自由以后，我该做什么？"

高财商
轻松实现财务自由的思考力和行动力

美国著名社会心理学家亚伯拉罕·马斯洛把需求分成生理需求、安全需求、爱和归属感、被尊重的需求和自我实现需求五个层次。在自我实现需求之后，还有自我超越需求，但通常人们会将自我超越需求合并至自我实现需求当中。

● **生理需求**

这是人类维持自身生存的最基本要求，包括衣、食、住、行等方面的要求。如果这些需求得不到满足，生存就成了问题。从这个意义上说，生理需求是推动人们行动的最强大的动力。

● **安全需求**

这是人类要求保障自身安全、摆脱丧失财产的威胁、避免疾病的侵袭等方面的需求。

● **爱和归属感**

这一层次的需求包括两个方面内容。一是爱的需求，即人人都希望得到友谊，需要与伙伴之间、同事之间保持融洽的关系；人人都希望得到爱情，希望爱别人，也渴望接受别人的爱。二是归属的需求，即人人都有一种归属于某个群体的愿望，希望成为群体中的一员，并相互关心和照顾。

- **被尊重的需求**

人人都希望自己有稳定的社会地位，希望个人的能力和成就得到社会的承认。马斯洛认为，被尊重的需求得到满足，能使人对自己充满信心，对社会满腔热情，体验到自己活着的意义和价值。

- **自我实现需求**

这是最高层次的需求，它是指实现个人理想、抱负，发挥个人能力到最大程度，完成与自己能力相称的一切事情的需求。也就是说，人必须干称职的工作，这样才会感到最大的快乐。自我实现需求就是努力激发自己的潜力，慢慢成为自己所期望成为的那个人。

人具有社会属性，人生有很多层次的需求，实现财务自由并不是人生的全部意义，但实现财务自由可以帮助我们更好地满足自己的需求，可以作为我们实现人生梦想和抱负过程中的小目标。

高财商
轻松实现财务自由的思考力和行动力

如前文所述，我们要通过做自己喜欢做的工作达到财务自由。对于我们来说，即便已经拥有足够多的钱了，还是要继续工作，因为工作是快乐的来源，是存在的意义，是我们的价值感之所在。有钱之后就不再工作，你并不会真正感到快乐。在一些国家，社会保障制度完善，没工作的人也可以衣食无忧，但依然会有人感到恐慌，因为他们觉得自己的价值感被剥夺了，无法实现自我价值。

前面提到的那位房东姑娘已经衣食无忧，家里的产业一直在升值，就算躺在家里什么都不做，钱也一直在生钱。但是姑娘还是觉得生活无趣、人生迷惘。我和她聊了几次，发现原来她把财务自由当成了人生的终极目标，所以目标达到了以后，她就迷失了方向。我给她讲解了马斯洛的需求层次理论，房东姑娘发现她确实还有很多需求，很多没做的事。

她花了一段时间思考，到底什么是自己真正感兴趣的事情？做什么事情可以得到乐趣，即使没有收入也可以。后来她加入了一个义工组织，专门救助、收留和领养流浪的小动物。在这个组织里她有了归属感，她的善举也得到了朋友们的认可，就连之前没时间和她聊天的租客们看了她发在朋友圈里的照片以后都主动来领养和帮助小动物。房东姑娘的人生价值得以实现，她现在过得快乐又满足。

随着人工智能等科技的发展，在未来几十年内人们的工作时间会越来越少，会有越来越多的人脱离工作岗位。很多人无须工作，也可以有收入，实现财务自由的人会越来越多。这便回到了本节的问题：财务自由以后我该做什么？存在这个问题的朋友请参照马斯洛需求层次理论，问问你的内心还有什么需求。用财富帮助自己完成想要做的事，让生活充满爱和喜悦，让心灵也随着财务自由而自由，实现自我价值，同时为社会创造价值。

用金钱可以买到的和不能买到的

当我们掌握了轻松实现财务自由的秘密，就可以对金钱运用自如。衣、食、住、行是我们最基本的物质需求，除此之外，用金钱还可以"买"到很多东西。

用金钱可以更好地解放自己

不用排队：航空公司让购买头等舱和商务舱的旅客优先登机，而不是采用通常的先到先上的排队机制；医院通过"特需挂号"的方式让一部分病人优先得到治疗等。

不用做琐碎的事：可以雇助理帮助我们处理简单的工作，雇保洁阿姨打扫卫生，雇厨师做饭，雇司机开车。

能够做自己喜欢做的事情：既然有了充足的财富，就不必把赚钱当成工作的目的，我们可以做自己喜欢做的事，可以工作，也可以玩乐和旅游，或者只单纯做公益。

用金钱可以提升我们对世界的认知

读万卷书，行万里路。读书或者参加名人的讲座，可以让人增长智慧、提高格局、养足才气；游历可以增长见闻，让人感受不同的风土人情，了解大千世界。长了见识，开阔了视野，有了经验，我们在做决策包括做投资决策的时候就会有自己独特的见解。毋庸置疑，提升自身认知能力也需要有一定的经济基础。

当然，也有很多东西是用金钱买不到的。我曾经看到过这样一段关于金钱的文字：

有了钱，你可以买楼，但买不到一个家；

有了钱，你可以买钟表，但买不到时间；

有了钱，你可以买一张床，但买不到充足的睡眠；

有了钱，你可以买书，但买不到知识；

有了钱，你可以买医疗服务，但买不到健康。

这段文字告诉人们金钱有很多做不到的事情。但某些经济学家却指出，金钱可以调配市场资源，让人得到很多东西。例如，虽然可以说用金钱买不来友谊、爱情、专业能力等，但不可否认，金钱对友谊、稳定的感情生活的影响非常大；有钱、有时间可以请到最好的专业团队在最短时间内协助你提升专业能力。

虽然金钱的重要性自不待言，但这个世界总有用金钱买不到的东西，如果什么都用钱来解决的话，很多事情将失去其应有的意义，或者说用金钱买就会贬损其价值。那么，为什么有些东西不能用金钱购买呢？在此，我举两个例子。

- **文凭和奖项**

  文凭是对专业学习合格的一个肯定和证明。同样，奖项的获得者应该通过实力获得荣誉。尤其像清华、北大的文凭或诺贝尔奖，如果可以通过赞助、买卖等形式得到，那么它们将因被金钱玷污而贬值，至高无上的荣誉也将蒙羞。

- **心意和感情**

  如果你最好的朋友结婚，婚礼上你要发表一段祝词，你却花钱雇人写，文章虽辞藻华丽、行云流水，但是字里行间没有涉及你和朋友多年来生活中的点点滴滴，表达不出你对朋友的深厚情谊。如果你雇了一个保姆来照顾孩子，孩子丰衣足食，但是缺少了家长的陪伴和亲子间的互动，人生会有缺憾。金钱是无法替代你在亲人和朋友身上付出的时间、精力以及你的心意的，有些事情必须亲力亲为。

  用金钱买不到的东西或者不应该用金钱购买的东西还有很多，如无偿献血、为残障人士做义工、为福利院献爱心等社会公益活动，这些都是品德高尚的人士自发进行并且不需要用金钱来交换的。尽管在很多方面，使用金钱会让生活变得更美好、更方便、更富足，但过分依赖金钱会让原本美好的事情失去意义，我们不能做金钱的奴隶，不能任其驱使。

狭义上的财富可以带来自由吗

财富，狭义上指金钱、财产、物质；广义上指具有价值的东西，包括自然财富、物质财富、精神财富等。能满足你各种生产、生活所需的物品是财富，能让你感到愉悦、舒畅的事物也是财富。

自由是指人类可以自我支配，凭借自由意志而行动，并为自身的行为负责。自由的最基本含义是不受限制和阻碍（束缚、控制、强迫或强制）。"自由"在古文中的意思是"由于自己"，就是不由外力而由自己做主。

赚钱的目的不是崇拜金钱、守着金山银山不花成为守财奴，而是要让我们过上更好的生活。我们用金钱可以买到很多物质的东西，也可以购买他人为我们提供的服务，利用别人的时间解放自己，达到时间上的自由。但财富不一定能决定自由。

当雪球在雪道上越滚越大的时候是需要更多的精力来维护的。"股神"巴菲特在一生中赚了很多钱，但是他管理的资产越多，规模越大，其难度相应也越大，他付出的时间和精力也会越多。巴菲特从年轻时就从事股票投资，这是他的爱好和生活乐趣，70多年来他乐此不疲。所以，从事自己喜欢做的事，本身就是一种自由。但是管理更多财富不见得对每一个人来说都是一种乐趣。

有时候，财富并不能带来内心的自由，反而在摆脱了财富的牵绊以后，才能获得身心的自由。当今社会有些人过度追逐财富，成为金钱的奴隶，为了获得金钱不惜一切手段和代价，最终他们因违法乱纪而被判刑，在牢狱中度过余生。对于这些人来说，财富非但不能带来自由反而会变成一个"大牢笼"。

实现财务自由是为了更好地实现梦想，我们不要被财富牵绊住追梦的脚步。我们应该问问自己的内心，自己最想要的东西是什么？自己的梦想是什么？人生最重要的目标是什么？我们要把时间花在美好的、对自己最有价值的事物上。

还有一种观点认为，年轻时用自由交换财富，等到有钱了再用财富交换自由。其实，这是一种设限的观念。认为必须做自己不喜欢的，违背自己意愿的工作才可以获得财富，这也是一种设限的观念。年轻时的大好光景都浪费在自己不愿意做的事情上，这是一种多么大的遗憾。本书的观点是认为越做自己喜欢做的事，越能发挥自己的能量，越能获得更多的财富。这个世界是丰富多彩的，不要用限制性思维来制约思想的自由。

我们可以把最想做的事情做一个排序：第一重要的是什么？第二重要的是什么？获取财富排在第几位？为了获取金钱可以把哪些不太重要的事情排在后面？例如，你想成为影视明星，虽然影视明星有光鲜亮丽的形象，收入又多，还被粉丝簇拥，但是背后也要忍受很多事情，包括为了保持身材长期节食、隐私随时会被曝光、昼夜拍戏、容易受伤等。我们要分析自己想当演员到底是因为真正热爱表演还是因为明星收入多，并且还要考虑是否能放弃自己的私人空间、享受美食的快乐和早睡早起的健康生活。如果你的身体不允许你从事每天可能只睡 3 至 4 小时的昼夜颠倒的高密度拍摄工作，那么你完全可以把表演当作一个业余爱好，在工作以外的时间参加话剧社，或者自己拍摄网剧。

如果你看中的是影视明星的收入，同时又很注重自己的隐私空间，那么这个世界上也有很多两者兼顾的工作可以选择。如果你享受万众瞩目的感觉，同时又喜欢享受美食，不想因为保持身材而失去人生一大乐趣，那么你还有别的选择，只要你为社会创造价值，为人民谋福利，大家就会认可你。所以一定要对自己最想要的东西做一个排序，让所做的事情遵照自己的内心，这样才能不会带来纠结和困扰，才能获得最大限度的自由。

另外，真正的自由，不是拥有一切，而是内心的一种状态，没有人可以拥有一切，但你可以学会知足。自由不意味着富有，很多富有的人，也未必自由。如果一个人很有钱，但是他消极、焦虑、悲观，就算有再多的钱也算不上富足；如果一个人在物质方面尚不富裕，但是他乐观、积极、有爱心，又找对了方法，相信用不了多久，他就会获得财富和自由。

本书倡导在一种愉悦的心情下，用正确的思维方法和行动方式，提高被动收入从而致富，达到人生的自由。一切痛苦的、机械忙碌的方式都是不被推崇的。本书不主张为了节省支出而不顾自己的需求，遏制合理的消费需求，这同样是一种受限的想法。在实现财务自由的路上，这些观念会起到反作用。本书的宗旨是教大家如何轻松创造财富，获得物质上、观念上、时间上和精神上的多重富足和自由，这种感觉才是人生最大的财富。

积极的心态帮你得到更多广义上的财富

狭义上的财富可以通过金钱交换，而广义上的财富，泛指一切有价值的东西，包括大自然赋予我们的一切，如阳光、空气、河流、山川、信念、积极的态度、各种知识等。另外，健康的身体、和谐的人际关系、亲密的家庭关系，以及从事着一份自己喜欢而有意义的事业都是我们的财富。

所做的事情不同，每个人最看重的财富也不同。对农民来说，农产品是他最重要的财富；对商人来说，资金是他最重要的财富；对学者来说，书是他最重要的财富；而对修行的人来说，悟道解脱是他最重要的财富。

第2章"对财富的态度正确了就成功了一半"里提到要对物质财富持有正确的态度。保持积极的心态，感恩财富能为自己带来的一切美好，这样我们在轻松实现财务自由的道路上就已经成功了一半；而批判财富，嫉妒和憎恶拥有财富的人，这样的心态对获得财富是无益的。另外，对财富要有值得感，觉得自己是富足的，自己配得上富足的生活，不要认为必须靠吃苦，每天起早贪黑才能获得财富。

积极的心态同样可以用在获得其他形式的财富上，让你获得广义上的财富。健康的身体、和谐的家庭关系、多层次的社会关系和豁达的思想，这些都是人人向往的生活愿景。

我们拿健康来举例。健康的重要性不言而喻。不论有多少物质财富，如果没有了健康的身体，那么一切也都没有太大意义了。毋庸置疑，健康这个财富是所有财富里最重要的，是所有人都想获得的。

我们的心态和情绪会对身体产生很大的影响。中医里说的"怒大伤肝""思则气结""忧思伤脾"等，就是讲由不好的情绪导致的身体疾病，过度的情绪波动会损害健康。情绪是一个人的心理状态在情感上的外部反应，可以分为两种：一种是积极向上的情绪，如喜悦、淡定等；另一种是消极低落的情绪，如愤怒、沮丧等。积极的情绪能使人产生轻松愉快的感觉，让人振奋精神，增强自身免疫力，对健康有益；而消极的情绪则会使人意志消沉、心灰意冷，让人血压升高，食欲降低，甚至诱发细胞癌变，对健康有害。想轻松收获健康这个财富，同样需要积极的心态。

1. 认识到健康是美好生活的基础，一个健康的身体可以让我们更好地去做想做的事，得到更多的自由。每天早睡早起，控制烟酒，关注自己的情绪和身体，让自己保持平和的心态，养成良好的生活习惯。

2. 为健康的人感到高兴，把他们当成榜样，学习怎样更好地对待自己的情绪和身体，意识到自己也应该拥有健康的身心。而掌握了方法，调整好了心态和情绪，获得健康将是一件轻松的事。

3. 选择适合自己、给自己带来乐趣的健身方式，比如球类运动、游泳、跑步，或者舞蹈、骑马等。总之，健康是可以通过良好的情绪和合理的生活习惯获得的，如果你的健身方式让自己感觉非常辛苦，并难以坚持，请听从自己内心的声音，按照自己的感觉选择一种喜欢的健身方式。

善待每一个细胞，不要被曾经的疾病所困扰，请让新生细胞带上积极的健康的信息。据科学家统计，一年内，人体98%的细胞都会被重新更新一次。不要再把旧有的信息带给你的新细胞，你可以做一个完完全全健康的"新人"。

曾经有一个富翁控股一家很大的公司，公司有很多员工。他每天拼命工作，不分昼夜。公司里的事务让他头疼，股东之间的纠纷让他烦恼，家人冷淡的态度让他的心脏隐隐作痛。但他还是全然不顾身体发出的停止工作的信号。由于长年饮食不规律，他胃疼得无法进食，医生诊断他得了胃癌，认为他活不过一年了。这个消息对他来说犹如晴天霹雳，他辛辛苦苦地工作，还没有享受人生，就被医生宣判了"死刑"，所有的财富对他来说都已经失去了意义。

他在开车回家的路上走错了路，不知不觉开进了一片山林，富翁沉浸在深深的痛苦之中，突然前方一个急转弯，他来不及减速，车一下偏离了车道，掉到了旁边的一个沟里，富翁的脑部受到了撞击，失去了意识。过了很久，富翁醒来了，由于脑部受伤，他已经想不起自己是谁，他在山林里走着，呼救着，走了几公里的路，终于看到了一个小木屋，里面有一位老爷爷，他是山林果树的看守者。

老爷爷给富翁进行了包扎，给了他热茶和食物，富翁就在这个山林小木屋里住了下来。他白天帮助老爷爷采摘果子，劈柴做饭，晚上就在小木屋里睡觉。新鲜的空气、鲜美的果子、安静的环境让富翁感到舒适。慢慢地，他的头不疼了，胃也不疼了，干农活让他的身体强壮了起来，可是他就是想不起自己是谁。很快一年过去了，富翁的身体越来越好，他可以爬到很高的树上摘果子。有一天他正在摘果子，突然树上窜出一只松鼠，富翁受到了惊吓，从树上掉了下来，脑袋磕在了地上。这时，他的记忆恢复了，想起自己是谁，想起自己出了车祸，想起医生给他宣判的"死刑"。后来，他和老爷爷告别，感谢他这一年来的照顾，踏上了回家的路。

富翁回到了家，大家喜极而泣，富翁表达了愧疚之情，告诉他们自己得了癌症，想用最后这段时间好好地陪伴家人。他的妻子带他去做复查。医生惊奇地发现富翁体内的癌变细胞并没有扩散的迹象，这真是一个奇迹。医生听富翁诉说了他的故事，总结道："你的山林生活和失忆救了你。山林生活让你远离公司的纷繁事务和负面情绪，每天简单开心地干农活让你心情愉快，病情才得到了控制。"富翁就这样从死亡边缘回来了，他决心以后一定要以正面、积极的心态对待自己的身体，对待自己的家人和财富。

在生活中，每天都有因为拥有积极的心态而恢复健康的"病人"，同时我们也要看到，金钱再多，没有健康的身体就无福消受了。狭义上的财富是为我们获得更多的财富服务的，财务自由会对获得健康、良好的人际关系等其他财富提供很大的帮助，如果本末倒置，牺牲自己的健康一味追求金钱，那将得不偿失。

我们对财富要有正确的态度，在追求财富的路上，不要被拜金主义冲昏了头脑，要问问自己的内心，哪种财富对自己是最重要的，通过实现财务自由让自己获得其他财富，这样，我们的人生才能完美。

第 9 章

结论：财富的思维

阅读完前面的章节，你已经一层层地揭开了轻松实现财务自由的秘密，了解了这些秘密，你就已经在通往财务自由的路上迈出了一大步。在这一节中，我们将总结全书的重点，也就是轻松实现财务自由的关键方法。

关键方法 1　对获得财富要有正确的信念和积极的态度

1. 金钱可以帮助我们实现美好、富足的生活，可以让我们更有条件去做想做的事，得到更多的自由。我们应该用正当、合法的方式去获得财富，并且妥当地管理它。我们可以找到一个适合自己的榜样，学习怎样才能拥有更多的金钱，让财富能够持续性增长，并把这些钱花在有意义的事上，包括实现自我、帮助他人，等等。

2. 值得感就是发自内心觉得自己值得拥有一切美好的事物，包括良好的人际关系、足够多的财富、幸福的生活，等等。值得感就是爱自己，真心觉得自己足够好。值得感会带来自信力，而财富往往更青睐充满自信的人。

3. 不要认为在吃了很多苦以后才值得拥有财富，不要用忙忙碌碌代替深度思考，切勿用战术上的勤奋掩盖战略上的懒惰。

4. 金钱是流动的，能付出说明我们是有能力的，内心是富足的。有时候花出去的钱越多，收获的东西也越多，我们可以尽自己的力量帮助他人，这会让我们感觉很好，内心平和、充满喜悦。精神上的富有才是更大的富有，有时候付出等于得到，我们给出去的常常会以另一种形式加倍返还。

关键方法2　判断经济周期，把握时代和行业发展的大趋势

1. 处在风口的产业是顺应社会发展的潮流，得到国家政策支持的产业。高速发展并拥有巨大盈利潜力的产业或领域如果处在风口上，将带来更高效的财富增值。

2. 广义上的风口是指社会经济发展的大趋势，是指时代的风口，也是指我们滚雪球的雪道；而跟风，哪里"热"就往哪里挤是追逐狭义上的风口；不顾自身的情

况一味追逐热点则是一种盲目的投机。

3. 我们已经幸运地站在时代的大风口上，把握趋势的同时要不断提升自己的能力，练好翅膀变成鲲鹏。风起后，会带动一片产业，你可以选择做自己喜欢和擅长的事，因为即使是最传统的产业也可以和风口挂钩。如果你恰好在风口上，请抓紧时间长出翅膀；如果足够优秀，你就是风口！

4. 在雪道里滚雪球，远不如在风口处利用风的动力滚雪球省力。在风口处滚雪球，其速度甚至可以比平常快几倍、几十倍，远远高于仅利用雪道的坡度和雪球自身的重力所产生的速度。顺风而动，顺应大趋势，可以事半功倍，创造奇迹。

5. 经济的起伏是有周期的，更好地了解大的经济周期，可以精准地判断趋势和投资的时间点，而投资时间点是否合适直接决定了你能否买到便宜资产，买进以后资产是涨是跌，从而决定了投资的成败。我们要想投资成功，首先需要关注和研究的就是经济周期，这样才能把握好人生的大机遇。

关键方法 3　在自己喜欢做的事上寻找机会，相信复利的力量

1. 人生是一场体验，问问自己的内心，到底什么是自己最想要的，什么可以让自己全身心地投入。往往越不考虑是否盈利，得到的越多。所以请投资你的爱好吧！在你喜欢做的事情上寻找机会，让内心充满喜悦和快乐。热爱和激情可以产生商机，可以让你更加轻松地实现财务自由。

2. 在选定雪道后，给雪球一个动力，你就可以依靠雪道的趋势和雪球自身的重力滚雪球。专注于你选择的雪道，不要做多余的、没用的事，否则做多错多，会阻碍雪球的滚动。放手并静待花开，找准了方向，掌握了方法，财富会源源不断地来找你。

3. 复利，是一种计算利息的方法。年期越长，复利效应也会越明显。复利的力量是巨大的，请坚持下去，你一定会获得不菲的回报。

大道至简，抓住一些重要的信息对成功大有裨益。在轻松

理财的过程中，要想自如运用以上三点，还要理解它们之间相辅相成的有机关系。

关键方法 2 "判断经济周期，把握时代和行业发展的大趋势"是我们获得财富和成功的战略方向，也是决定我们能否成功的重要因素。宇宙中的万事万物都有自己的运行规律，一年有春、夏、秋、冬，月有阴、晴、圆、缺，人也有生、老、病、死，这些都是我们需要把握的节奏。我们要把精力放在静心觉察这些节奏上，跟着节奏迈脚步，把行动放在最合适的时间点。价格低的时候买入，价格高的时候抛出。不做无用的忙碌，不踩错误的舞步。

而关键方法 1 "对获得财富要有正确的信念和积极的态度"则是我们前进的驱动力，是我们获取财富的精神支柱。没有了正确的信念和积极的态度，我们就失去了动力，看不到希望则根本无法开启财务自由之旅。

关键方法 3 "在自己喜欢做的事上寻找机会，相信复利的力量"是我们轻松实现财务自由的方法和保障。本书教授的实现财务自由的方法是"轻松"的，不是光靠蛮劲的。相信

"世界第八大奇迹"复利的力量，坚持做自己喜欢做的事情，不被纷繁复杂的外界环境干扰，利用时间的魔力，轻轻松松实现财务自由。

另外，本书还讲述了实现财务自由不是终极目标，而是为了生活得更好。

1. 年轻时用自由换财富，等到有钱了再用财富换自由，这是一种设限的观念。越做自己喜欢做的事，越能发挥自己的能量，越能获得更多的财富。这个世界是丰富多彩的，切勿给思维设限。

2. 归根结底，实现财务自由是为了更好地实现自己的梦想，不要被财富牵绊住追梦的脚步，我们应该扪心自问，最想要的东西是什么？梦想是什么？人生最重要的目标是什么？我们要把有限的时间花费在美好的、最有价值的事物上。我们要做财富的主人，让财富为我们服务，否则虽然有了财富但仍然不会达到精神层面的自由。

大道至简属于道家哲学的范畴。"道"在中国哲学中，是一个重要的概念，表示"终极真理"。大道至简是指大道理（基本原理、方法和规律）是极其简单的，简单到用一两句话就能说明白。然而，世上的事情难就难在"简单"上面，简单不是敷衍了事，也不是单纯幼稚，而是最高段位的智慧。做事情烦琐往往是因为缺乏智慧。

大道至简的反面是繁文缛节，其意为烦琐、拖沓，指人们做事看似做得细致，实际上是因为没有看穿实质，没有抓住事物的关键，沉浸在自我制造的纷繁、复杂中不能自拔。

本书力求言简意赅，用最准确、精练的语言帮助大家树立正确的财富观念，对获得财富保持积极的心态；旨在重点介绍经济周期和高速发展的行业（风口）对财富积累的重大影响，强调复利在积累财富中的神奇作用。本书提出轻松实现财务自由最重要的是"道"，即获得财富的"秘密"。

市面上有很多投资理财类的图书，这些书会教你怎样挑选基金和股票，怎样做外汇交易、黄金买卖，怎样在世界范围内做房地产投资。在股市处于牛市的时候，书店里仅仅介绍抓涨停板的书就有几十种，教授怎样挑选股票型基金的书又有几十种，让人眼花缭乱，无所适从。

如果把获取财富比做一次远行，本书就是远行的规划书和地图，指导我们在远行中建设心态，告诉我们正确的思维方法和行动方式，让我们在远行中辨明方向，看清道路，找到合适的交通工具，以便在风景如画的大道上平稳前行。具体阐述如何获利的书，就像关于出行方式的教学和说明，如教大家怎样爬山，如何游泳，如何驾驶等。而要完全掌握这些技巧费时费力，你可能花了 3 年的时间去学游泳、学换气和踩水，但事实上，你是否会游泳这件事可能对出行顺利与否并不起决定性作用。因为遇到了河，我们可以乘船渡河；遇到了山，我们可以坐缆车，没必要非学会游泳或爬山。

就股票投资而言，仅围绕 K 线和均线的问题就可以写很多本书，这些书可以涉及诸多方面的内容，如 K 线基础、K 线结构、均线入门、均线和股价的关系、均线和 K 线的配合等。而所有这些都只是股票投资技术的"冰山一角"，投资股票只了解 K 线和均线是远远不够的。就算你了解所有操作股票的技术，并不代表你可以获得财富，只能说明你是一个对股票操盘技术很熟练的专家。每当遭遇熊市的时候，我们可以发现，"专家"往往输得比较惨，原因是"专家"技高人胆大，在股市下行时还频繁操作。要知道，"泥沙俱下"的时候再往上走几乎是不可能的。在熊市当中，我们只要做几件事就可以战胜 99% 的投资者，那就是卖出股票、留存现金、耐心等待，这就是熊市里的"道"。如果你很享受研究股票技术的过程，喜欢阅读相关的书籍，这当然有助你实现财务自由，但这些并不是实现财务自由的充分条件。

各种商业机构为了推广其产品而给我们发送广告，所以我们每天都可以收到很多信息。这些信息中所植入的产品和服务信息通常与我们的财富相关联，一些商业机构引导消费者产生想获得财富最好使用其产品（如炒股软件）或服务（如股票技术分析课程）的想法。这些产品和服务对我们了解一个投资领域确实有帮助，但是如果我们沉浸于单纯的技术学习中往往会忘记更重要的事，那就是经济周期和目前的大趋势。顺势而为可以让我们赚得钵满盆满；逆势而为，做多错多。就算赚了钱，如果没有对财富正确的态度以及对大势的判断，钱来了也会失去。所以，在通往财务自由的路上，我们要忽略干扰自己成功的信息，紧紧抓住前文提出的三个关键方法。

身家百亿美元的巴菲特在基威特大厦租了半层楼作为公司办公地，公司只有 25 个雇员。他在这里办公超过 50 年，他的办公室只有 16 平方米，里面甚至没有电脑，电话就是他的办公设备，环境简朴又舒适。就在这里，巴菲特 50 年来做着他一直喜欢做的投资事业，贯彻他的投资理念：以所有者心态，以合理价格买入高品质企业股票，长期持有，复利累进，适度集中。

巴菲特的生活是简单的，他远离华尔街，不被纷繁的信息所干扰，他的投资理念也是简洁的，没有花哨的技巧。正如真正厉害的搏击是一招制敌的，而大战 300 回合才击倒对手更多是出现在电影中；减肥只要管住嘴就成功了 70%，其他的方法可能只起辅助作用；高人指点迷津也是一语道破天机，不会东拉西扯一大堆。总之，一个人的精力和智慧是有限的，不可能在每一方面都成为专家，过多的信息只会蒙蔽你的双眼，甚至限制你的思维。

我们强调大道至简就是抓住事物的本质，不被纷繁复杂的信息所迷惑，有意识地过滤掉这些信息会让你把握真相、把握精髓，在通向财务自由的道路上，彻底领悟该抓什么，该忽略什么，从而做到收放自如，轻松、快乐地实现自己的财富梦想。